Michael Brettnacher
Trucks – Das Typenbuch

Michael Brettnacher

Trucks –
Das Typenbuch

Unser komplettes Programm:

www.geramond.de

Produktmanagement: Martin Distler
Satz/Layout: Buchflink Rüdiger Wagner, Nördlingen
Repro: w&co Media Services, München
Umschlaggestaltung: Nina Neuberger
Herstellung: Thomas Fischer
Printed in Italy by Printer Trento S.r.l.

Alle Angaben dieses Werkes wurden vom Autor sorgfältig recher-
chiert und auf den aktuellen Stand gebracht sowie vom Verlag
geprüft. Für die Richtigkeit der Angaben kann jedoch keine Haftung
übernommen werden. Für Hinweise und Anregungen sind wir
jederzeit dankbar. Bitte richten Sie diese an:
GeraMond Verlag
Lektorat
Postfach 80 02 40
D-81602 München
e-mail: lektorat@geramond.de

Die Deutsche Bibliothek – CIP Einheitsaufnahme
Ein Titeldatensatz für diese Publikation ist bei der
Deutschen Bibliothek erhältlich.

Printed in Italy by Printer Trento S.r.l.
ISBN: 978-3-7654-7704-1

Inhalt

Inhalt

Dreiachsiger Scania R 470 beim Holztransport

Obwohl sich die Anzahl der Lkw-Hersteller in den letzten 30 bis 40 Jahren deutlich reduziert hat, sind nicht unbedingt weniger Typen und Baureihen der verbliebenen Hersteller auf unseren Straßen unterwegs. Teilweise liegt dies an der Globalisierung und Europäisierung der einst stärker national abgeschirmten Märkte. Teilweise liegt es an zusätzlichen Baureihen, die sich in ihren Eigenschaften deutlich voneinander unterscheiden.

Zwar hat jeder Hersteller für sich betrachtet meist eine leichte, mittlere und schwere Baureihe im Programm, diese teilen sich jedoch nochmals bei der Tonnage und der Motorisierung auf, wobei, wie in einem Baukastensystem, bunt gemischt werden kann.

Waren vor 40 Jahren noch acht selbstständige Lkw-Hersteller deutscher Herkunft am Markt, so hat sich das Bild heute zwar auf sieben europäische Hersteller reduziert, diese bauen jedoch rund 20 Baureihen.

Vielfalt entsteht aber auch durch Modernisierung: Eine Baureihe wird von der Nachfolgeserie ersetzt, die sich zum Teil erheblich vom Vorgängermodell unterscheidet. Meist nur sanfte optische Korrekturen gehen mit neuen Motoren einher, die es jedoch in sich haben und wesentlich von Gesetzgebung und Vorschriften der Europäischen Union beeinflusst werden, vor allem bei der Schadstoffklasse. Dass Lkw-Generationen heute kurzlebiger sind – die erste Generation des Actros (Mercedes-Benz) hatte nur sechs Jahre Bestand, während das Vorgängermodell mit sanften Korrekturen über 22 Jahre produziert worden war – liegt auch an der Rationalisierung von Herstellungsabläufen. Dazwischen kommen auch noch Weiterentwicklungen im Getriebebereich, insbesondere bei der Weiterentwicklung der Bedienung.

So befahren nicht immer nur aktuelle Typen die Straßen und Autobahnen, sondern auch deren Vorgänger und in geringerem Maße auch Vorvorgänger nehmen am Verkehr teil. Dieses Buch soll ein schneller Führer durch die Typenwelt der Lastkraftwagen sein, erhebt aber keinen Anspruch auf Vollständigkeit.

Zu den Herstellern, Baureihen und Typen kommen – auch für den Laien verständliche – Erklärungen wichtiger Begriffe und Komponenten. Schließlich werden die Gesamtstrukturen des aktuellen Güterverkehrs erläutert, mit einem Ausblick auf die Zukunftsaussichten des Transportwesens und den Auswirkungen auf den Lkw-Markt.

In einem abschließenden Exkurs wenden wir uns schließlich noch den Lkw-Oldtimern zu, Fahrzeuge, die auf den entsprechenden Treffen begeisterte Liebhaber um sich scharen.

Leistungsangaben, Handelsnamen, Warenzeichen

Für die in diesem Buch verwendeten Einheiten für die Motorleistung gilt: Im laufenden Text hält sich dieses Werk an die Angaben in Pferdestärken (PS). In den Kästen für die technischen Daten der einzelnen Fahrzeuge und der Baureihen ist jedoch neben der PS-Angabe auch der Wert in Kilowatt (kW) angegeben.

Sofern in diesem Buch eingetragene Warenzeichen oder Handelsnamen verwendeten werden, auch wenn sie nicht als solche gekennzeichnet sind, gelten die entsprechenden Schutzbestimmungen.

Umrechnungsfaktor:
1 PS = 0,735 kW
1 kW = 1,36 PS
Demnach gilt:
100 PS = 73,5 kW
100 kW = 136 PS

Unten: Dieser Stralis von Iveco ist gerüstet für die Grenzwerte der Abgasnormen Euro 4 und Euro 5.

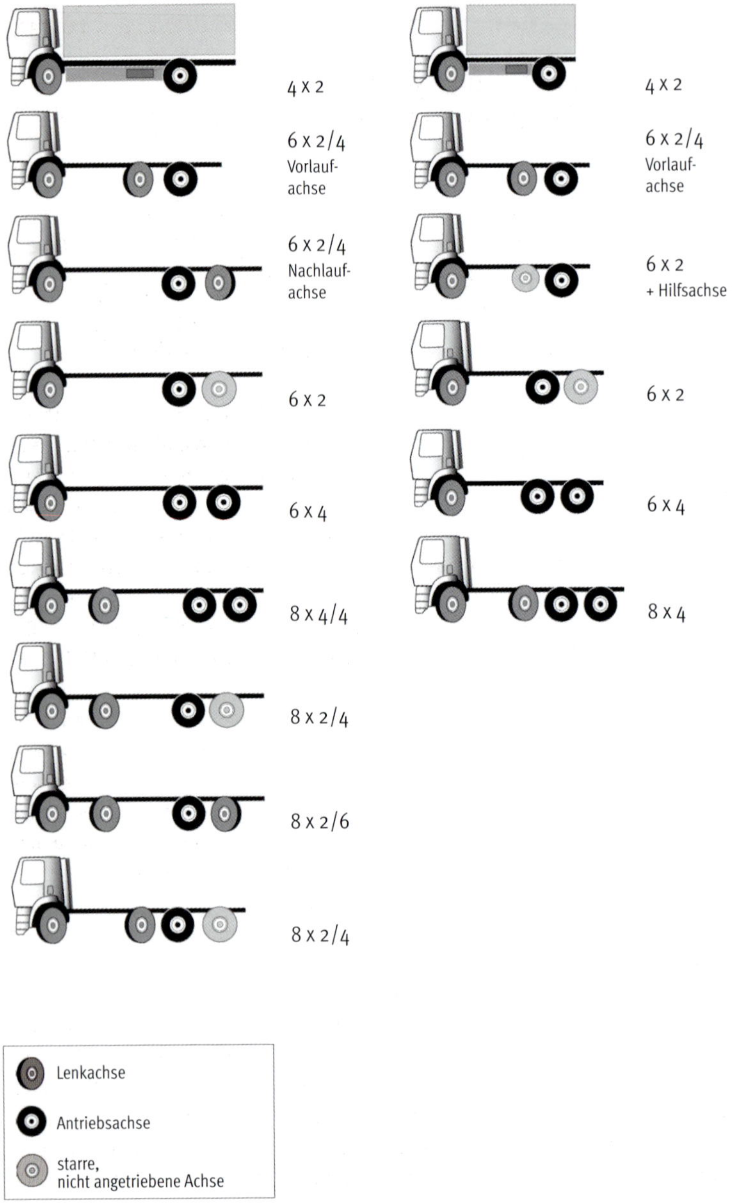

4 X 2

4 X 2

6 x 2/4
Vorlauf-
achse

6 x 2/4
Vorlauf-
achse

6 x 2/4
Nachlauf-
achse

6 x 2
+ Hilfsachse

6 x 2

6 x 2

6 x 4

6 x 4

8 x 4/4

8 x 4

8 x 2/4

8 x 2/6

8 x 2/4

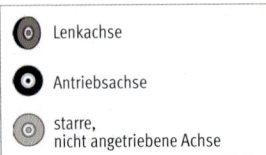

Lenkachse

Antriebsachse

starre,
nicht angetriebene Achse

Achsformeln, Typen und Namensgebung

Renault Kerax-Fahrgestell

Alle Baureihen der diversen Nutzfahrzeughersteller haben Typen- und Leistungsstärken in eigenen Zahlen- und Buchstabenkombinationen. Baureihe und Gewichtsklasse sowie Motorleistung sind an Front und Seitentür angeschrieben, die Achsformeln ergeben sich markenübergreifend. Wer sich die Systeme einmal eingeprägt hat, kann sie auf einen Blick entziffern.

Achsformeln:

Die erste Ziffer gibt die Gesamtzahl der Achsen in Radzahlen an, die zweite Ziffer gibt die Zahl der angetriebeben Räder an.

4x2 bedeutet vier Räder insgesamt, davon sind zwei Räder angetrieben. Zwillingsräder werden nicht doppelt gezählt. 4x4 bedeutet, es handelt sich um ein Fahrzeug mit vier Rädern, die alle angetrieben sind.

Ein Dreiachser ist folgerichtig ein 6x…, wobei ein 6x2 eine angetriebene Achse hat, ein 6x4 verfügt über zwei Antriebsachsen, der 6x6 weist Allradantrieb auf. Gleiches gilt für Vierachser 8x2, 8x4, 8x6 und 8x8. MAN hat in seinem Fahrzeugprogramm auch Fahrzeuge mit hydraulisch angetrieben Achsen, beispielsweise einen Dreiachser mit zwei normal angetriebenen Achsen und einer hydraulisch angetriebenen Achse, das ergibt die Bezeichnung 6x6H, wobei das H für „HydroDrive" steht.

Hinzu kommt mit der dritten Ziffer die Anzahl der Lenkachsen: Bei einer angetriebenen und zwei gelenkten Achsen am Dreiachser wird dies als 6x2/4 bezeichnet, bei einer angetriebenen und einer gelenkten Achse handelt sich um ein dreiachsiges Exemplar mit der Achsformel 6x2/2. Je nach Position kann auch noch mittels * die Position von Lenkachsen, Vorlauf- oder Nachlaufachsen markiert werden. Ist die dritte oder vierte Achse vor der zwillingsbereiften Achse platziert, handelt es sich um eine Vorlaufachse, rollt sie hinter der zwillingsbereiften Achse, so ist dies eine Nachlaufachse.

Zusammen mit der Achsformel wird oft auch die Federungsart definiert, etwa ...x...BL, was nichts anderes als Blatt/Luft bedeutet, LL entsprechend Luftfederung an beiden Achsen eines Zweiachsers, heute Standard bei Fahrzeugen im Wechselbrückeneinsatz. BLL heißt beim Dreiachser: Blattgefederte Vorderachse, luftgefederte Hinterachsen. Moderne Dreiachskipper sind oft so ausgestattet.

Manchmal stehen im Gefolge der Achsformeln noch weitere Buchstaben in den Stammdaten, zum Beispiel „K"

für Kipperfahrzeug, im Regelfall eine speziell für die Einsatzbedürfnisse spezifizierte Variante der allgemeinen Ausführung

Typen

Typenformeln stehen entweder allein oder in Kombination mit Baureihenbezeichnungen. Dabei bedienen sich die Hersteller einerseits unterschiedlicher, andererseits im System ähnlicher Strukturen. In der Regel werden Gesamtgewicht und Motorleistung angegeben. Die Gewichtsangabe be-

Ein 6x4-Dreiachser mit angetriebenen Hinterachsen von vorne unten

zeichnet meist das technisch mögliche Gesamtgewicht, das gegenüber dem gesetzlich zulässigen Gesamtgewicht höher ausfällt. Obwohl die offizielle Dimension der Leistung kW für Kilowatt ist, werden die Angaben meistens in PS für Pferdestärken angegeben.

Schöne Namen

Wie man es von der Personenwagen-Produktion kennt, neigen auch Nutzfahrzeughersteller dazu, ihre Produkte mit Namen zu kennzeichnen. Magirus-Deutz (Iveco) taufte seine Produkte bis Mitte der 60er-Jahre zum Beispiel nach Planeten: Saturn, Pluto, Sirius und Orion. Die Ulmer Lastwagen haben nach weiterem Typisierungsschema den Markennamen Iveco. Die Baureihenkennungen heißen Stralis, Trakker und Eurocargo. Mercedes bietet den Atego, den Axor, den Actros sowie den Vario und den Econic an. Die Namen sind teilweise bewusst als Phantasienamen gedacht: Bei Vario soll die Vielfalt angedeutet werden, beim Econic steckt „Eco" drin, was Ökonomie assoziieren soll.

MAN geht etwas nüchterner vor, stets beginnend mit TG für Trucknology Generation. Damit kombiniert werden aussagefähige Zahlen über Gesamtgewicht und Motorleistung. Selbst die Fahrerhäuser werden benannt: L, LL, LXL und so weiter wobei LX in die Größe weist: XXL = sehr groß.

Andere bedienen sich der Kombinationen Space, Super Space Cab oder Mega Space. Hier werden neben dem praktischen Zweck im internationalen Fernverkehr auch die Eitelkeiten bedient, denn Größe verheißt auch Stärke. Ein Volvo FH-16-Globetrotter hat für Fahrer, die im Langstreckenverkehr unterwegs sind, einen Namen mit beinahe magischer Anziehungskraft.

DAF

Der niederländische Hersteller zeigt an der Front die Baureihe (XF, CF, LF) an, seitlich an der Tür wird diese mit dem Zusatz 105, 95, 85 et cetera in Kombination mit der Motorleistung wiederholt, zum Beispiel CF 85.430.

Während die Baureihe oberhalb des Kühlergrills deutlich angeschlagen ist, muss man für die feinere Typisierung insbesondere im Bereich der CF-Klassen genauer hinschauen: CF 85.430 steht an den Seitentüren unterhalb der Rückspiegel.

Iveco

Der Verbund mehrerer traditioneller europäischer Nutzfahrzeughersteller bedient sich bei der Baureihe diverser Phantasienamen wie Stralis, Trakker und Eurocargo, die genauere Typenbezeichnung besteht aus einer dreistelligen Gewichtsangabe und einer zweistelligen Leistungsangabe, letztere mit dem Faktor 10 multipliziert ergibt die Leistungsangabe in PS, beispielsweise Eurocargo 180.24 sagt aus, dass das Fahrzeug aus der leichten beziehungsweise mittleren Baureihe 18 Tonnen Gesamtgewicht bei 240 PS Motorleistung hat. Damit das alles nicht zu einfach wird, gibt der Hersteller manchmal das Gesamtgewicht für den Lastzug an. Stralis, Trakker oder Eurocargo prangen an der Front der Kabine, seitlich stehen die Typen und Gewichte angeschrieben.

MAN

Bei der Maschinenfabrik Augsburg-Nürnberg sind drei Baureihen im Programm. Für den Schwerverkehr steht der TGA, die mittelschwere Klasse wird mit TGM bezeichnet, die leichte Baureihe hört auf TGL. Ursprünglich sollte das Programm mit TGA, TGB und TGC definiert werden, erst mit Einführung der leichten Baureihe bekam diese den Buchstaben L für Leicht verpasst. TG heißt in allen Fällen Trucknology Generation. Tonnage und Leistung sind logisch und unverschlüsselt aufgebaut: Die ersten beiden Ziffern stehen für das Gesamtgewicht, die drei folgenden geben die Motorleistung an.

18.440 TGA zum Beispiel steht für einen 18-Tonnen-Lkw mit 440 PS. An der Front tauchen die Kombinationen D 20 oder D 26 auf, was für die neueste Generation der Motoren steht. Seitlich unterhalb der Fensterkante steht die genaue Bezeichnung des jeweiligen Fahrzeugtyps, wie oben beschrieben.

Mercedes-Benz

weist durchgehend ein System der Tonnage- und Leistungserkennung auf: Die ersten beiden Ziffern zeigen das Gesamtgewicht in ganzen Tonnen an, die beiden weiteren die Motorleistung in Zehner-Schritten. Dabei kann ein 3236 sowohl aus der Actros als auch aus der Axor-Baureihe stammen, was von der Überlappung der Serien herrührt.

918 ist ein Neuntonner mit 175 bis 184 PS, 2644 ein Fahrzeug mit 26 Tonnen Gesamtgewicht und 435 bis 444 PS.

Renault (RVI)

teilt die Baureihen mit Phantasienamen auf: Magnum, Kerax, Premium, Midlum …

Scania

tanzt aus der Reihe. Erstens beginnt die Fahrzeugpalette erst mit 15 Tonnen Gesamtgewicht und zweitens werden alle Typen mit R… bezeichnet. Das jeweilige Gesamtgewicht geht aus der Typenbezeichnung zunächst nicht hervor, ein R 420 weist eine Motorleistung von 420 PS auf. Dafür wird Wert gelegt auf die Kennzeichnung des Fahrerhauses: P für niedrig, R für hoch, eine nachgestellte Ziffer gibt die Länge an. Hinzu kommen drei Innenhöhen. Extrem selten zu sehen ist ein extra langes Fahrerhaus für den Langstreckenfernverkehr, das aber zu Einschränkungen bei der nutzbaren Ladelänge führt. Seit 2005 nicht mehr produziert wird die Haubenbaureihe von Scania.

Volvo

Auch bei Volvo gibt es drei Baureihen: FH, FM und FL, wobei FH für die schweren Fahrzeuge aus Südschweden steht.

Die FH-Serie ist nochmals unterteilt in FH 16 für Motoren mit 16 Litern Hubraum und FH, wenn ein Zwölf-Liter-Motor eingebaut ist. Die Reihe FH ist zwischen 18 und 32 Tonnen Gesamtgewicht angesiedelt. Im mittleren Segment steht die FM-Reihe gegenüber der FH-Serie, zu erkennen am niedrigeren und weniger wuchtigen Fahrerhaus. Motortypen und -stärken überschneiden sich mit den Ausstattungen der großen Brüder.

Ebenfalls überschneidet sich der Gesamtgewichtsbereich, wobei für den FM der Einsatzbereich im Nah- und im Mittelstreckenbereich liegt, während der FH überwiegend im nationalen und internationalen Fernverkehr anzutreffen ist. Schließlich bietet Volvo noch die mittelschwere Serie FE und die leichte Reihe FL an, wobei es zwischen zwölf und 18 Tonnen die Ausstattung sowohl mit einem Neun-Liter-Motor in verschiedenen Leistungsstufen gibt.

Ein Volvo FM 9.380 gehört in die mittlere Typenreihe und wird von einem Neun-Liter-Motor mit 380 PS angetrieben.

Volvo Globetrotter

Bremsversuch mit einem MB-Actros

Je leistungsstärker die Lastzüge werden, desto höher werden die möglichen Transportgeschwindigkeiten. Und je schwerer die Züge werden, um so besser müssen die Bremsen sein. Um lange Gefälle nicht herunter kriechen zu müssen, bedarf es mehr als nur normaler Radbremsen.

Lastkraftwagen, Zugmaschinen und Sonderfahrzeuge mit mehr als neun Tonnen müssen drei unabhängig voneinander wirkende Bremssysteme aufweisen. In der Regel sind das die Betriebsbremse (Fußbremse), die Feststellbremse (Handbremse) und als dritte Kraft die Motorbremse. Während bei der Betriebsbremse in den letzten Jahren weitgehend auf Scheibenbremsen sowohl am Zugwagen, als auch am

Anhänger/Auflieger umgestellt wurde, die Feststellbremse mit dem Federspeichersystem aktiviert wird, so hat sich die dritte Bremse seit 1985 deutlich weiter entwickelt. Kamen früher sogenannte Retarder oder auch elektrische Wirbelstrombremsen nur vereinzelt vor, benötigte die Motorbremse hohe Drehzahlen. Sie wurde meist als reine Auspuffklappenbremse gebaut. So gehören direkt an das Getriebe angeflanschte Flüssigkeitsbremsen (Retarder) bei den meisten Schwer-Lkw-Angeboten zu den geläufigen Zusatzausstattungen.

Betriebsbremse

Die Betriebsbremse wirkt auf alle Räder des Lkw mittels Druckluft oder Öl mit

Druckluftunterstützung. Bei Anhängerbetrieb wird auch dieser mit Druckluft gebremst, zwei Luftleitungen übernehmen die Bremssteuerung ebenso wie die Versorgung mit Druckluft. Pkw-Anhänger oder landwirtschaftliche Anhänger mit Auflaufbremse haben keine „durchgehende Bremse". Hier ist die Anhängelast grundsätzlich auf 3.500 Kilo beschränkt.

Lastkraftwagen waren lange Zeit mit Trommelbremsen und Druckluft für die Bremskraft ausgerüstet. Mittlerweile ist die Scheibenbremse auf dem Vormarsch, lediglich bei ausgesprochenen Baustellenfahrzeugen hält sich noch die Trommelbremse. Bei hoher Beanspruchung werden die Bremsen stark erhitzt, die Folgen sind

großer Verschleiß und nachlassende Bremswirkung, Fading genannt. Dies tritt bei der Trommelbremse in erheblich größerem Maße auf, als bei der Scheibenbremse. Die Bremsprobleme schwerer Lastzüge auf starken Gefällstrecken führten schon früh zum Einbau einer „dritten Bremse". Immerhin wurde die Technik der Betriebsbremse vor allem in den letzten 20 Jahren erheblich verbessert: ABS, bessere Bremsbeläge, Scheibenbremsen und leistungsfähige Druckluftanlagen bieten mehr und mehr Sicherheit, trotzdem kann es bei falscher Bedienung der Betriebsbremse zu schweren Unfällen kommen.

Die zweite, unbedingt vorgeschriebene Bremse ist die Feststellbremse.

Scheibenbremse
an der Vorderachse
eines MB-Atego

Standardmäßig ist diese als Federspeicherbremse ausgeführt und wirkt in der Regel auf die Hinterachse(n). Eine starke Spiralfeder in einem Zylinder übt dabei die Bremskraft mechanisch über das Bremsgestänge auf die Bremsbacken respektive Bremsklötze auf die Bremsscheiben aus. Soll die Bremse gelöst werden, wird die Feder mittels Kolben zurückgedrückt, der Kolben wiederum mit Druckluft beaufschlagt. Gebremst wird also mechanisch, gelöst mit Druckluft. Tritt Druckverlust ein, tritt die Bremse automatisch in Aktion. Das hörbare Zischen nach dem Anhalten des Lkw kommt vom Aktivieren der Feststellbremse, der Federspeicherzylinder wird entlüftet.

Die dritte Bremse muss unabhängig von den beiden anderen Bremsanlagen im Lkw wirken. Früher wurde ausschließlich die Bremskraft des Motors bei Schubbetrieb genutzt, über einen Hebel wurde die Nockenwelle verschoben, außerdem stellte man die Kraftstoffeinspritzung auf Nullmenge oder Leerlaufmenge. In Amerika wurde schon seit einiger Zeit mit stärkeren Systemen gearbeitet, beispielsweise der „Jake-Brake", die die reine Motorbremse nochmals verstärkte. Motorbremsen sind umso wirksamer, je höher die Drehzahl des Motors ist. Seit knapp 20 Jahren gibt es auch in Europa weiter entwickelte Motorbemsen, bei Mercedes-Benz die Kon-

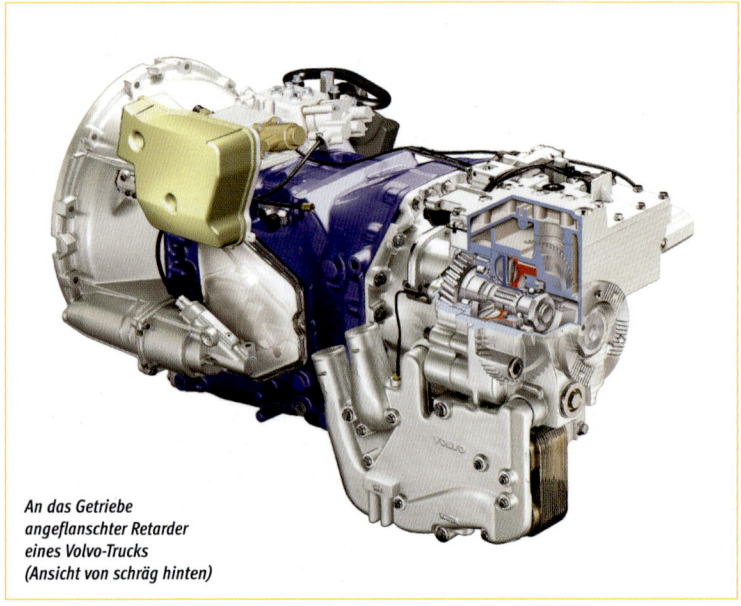

An das Getriebe angeflanschter Retarder eines Volvo-Trucks (Ansicht von schräg hinten)

stantdrossel, die gezielt über die Ventilsteuerung vom Motor aufgestaute Energie vernichtet und die mögliche Bergabgeschwindigkeit ohne Einsatz der Betriebsbremse etwa um ein Drittel erhöht.

Richtig wirksam und nahezu verschleißfrei arbeiten jedoch nur Retarder und Wirbelstrombremsen. Durchgesetzt haben sich dabei vor allem sogenannte Sekundärretarder zwischen Getriebe und Antriebsachse. Wirbelstrombremsen arbeiten elektromagnetisch und sind schwer zu kühlen, außerdem bringen sie ein deutliches Mehrgewicht an den Lkw. Retarder sind „umgedrehte" hydraulische Turbinen. Sie werden von der Hinterachse angetrieben und erzeugen mittels ihrer Schaufeln und Hydrauliköl einen Widerstand, der in Bremskraft umgewandelt wird. Dabei entsteht Wärme, die über das Öl abgeleitet wird und über einen Wärmetauscher mit dem Kühlkreislauf des Motors abgeleitet werden kann. Retarder schalten sich automatisch zurück, wenn die Öltemperatur zu hoch ansteigt.

Neben dem Sekundärretarder gibt es den Primärretarder, der vor dem Getriebe positioniert ist. Dessen Bremsleistung ist vom eingelegten Gang abhängig, die Funktionsweise ist der einer Turbine ebenfalls sehr ähnlich. Schließlich gibt es noch den Pritarder, der vor dem Motor sitzt und diesen mit abbremst.

Moderne, leistungsfähige Retarder übersteigen manchmal in ihrer Brems-

Innenbelüftete Scheibenbremse eines Actros

leistung die Nennleistung des Motors, entsprechend 400 bis 600 PS. Damit wird die Bremssicherheit vor allem auf langen Bergabstrecken wesentlich erhöht und der Verschleiß der Betriebsbremse deutlich abgesenkt. Nicht zu unterschätzen ist der Zugewinn an Fahr- und Verkehrssicherheit.

Nachteile der modernen Retarder sind das Mehrgewicht, das sie in den Lkw einbringen und der Schleppverlust, den sie bei ungebremster Fahrt produzieren, der bis zu 0,7 Liter Mehrverbrauch an Kraftstoff auf 100 Kilometer betragen kann.

Abgasreinigung

Rechts vom großvolumigen, am Rahmen seitlich angebrachten Dieseltank sitzt der AdBlue-Tank.

Was steckt eigentlich hinter den Abgasnormen Euro 1, Euro 2 und so weiter? Was sind Stickoxide und was ist mit den Bezeichnungen AdBlue und BlueTec gemeint?

Die Europäische Gemeinschaft (EU) hat zum Ende des 20. Jahrhunderts eine verbindliche stufenweise Reduzierung aller relevanten Abgaskomponenten beschlossen. Erstmals nach dem Stichtag zugelassene Lastkraftwagen müssen bestimmte Abgaswerte einhalten. Um diese Werte zu erreichen oder zu unterschreiten, müssen sich die Hersteller entweder mit dem Motor- und Verbrennungsmanagement

beschäftigen, was immer mehr zu einer gewissen technischen Akrobatik führt und an den physikalisch vorgegebenen Eckdaten von Energie, Leistung und Leistungsausbeute rührt. Oder man reinigt die Abgase. Das schlägt sich nieder im Einsatz von Filtern, Katalysatoren und – in neuester Anforderungsstufe – von ganzen Abgasreinigungssystemen mit von außen zugeführten Zusatzmitteln.

Beide grundsätzlichen Vorgehensweisen werden heute angewendet, wobei der Stand der Technik besagt, dass die Euro-5-Stufe, die ab dem Jahr 2009 gilt, nur noch von letzterem

Vorgehen erreicht wird, der sogenannten selektiven katalytischen Reduktion (SCR-Technik).

Während 1990 noch 15 Gramm pro Kilowattstunde Stickoxide (NO_x) im Abgas enthalten sein durften (DAF erreichte bereits im Jahr 1990 eine Absenkung auf neun Gramm pro Kilowattstunde), waren im Jahr 2006 noch 3,5 Gramm pro Kilowattstunde erlaubt und im Jahr 2009 (Abgasnorm Euro 5) sind es noch 2,5 Gramm pro Kilowattstunde. Ähnlich sieht es bei den Komponenten Kohlenmonoxid (CO), Kohlenwasserstoffe (HC) und Partikel (Ruß) aus.

Mit Hilfe von Eingriffen in den Verbrennungsablauf von Dieselmotoren gelang es der westeuropäischen Nutzfahrzeug- und Motorenindustrie bislang, die Abgase den erlaubten Grenzwerten anzupassen oder sie zu unter-

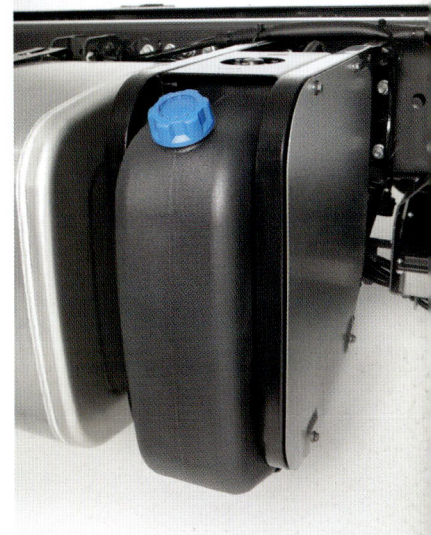

AdBlue-Tank an einem Volvo

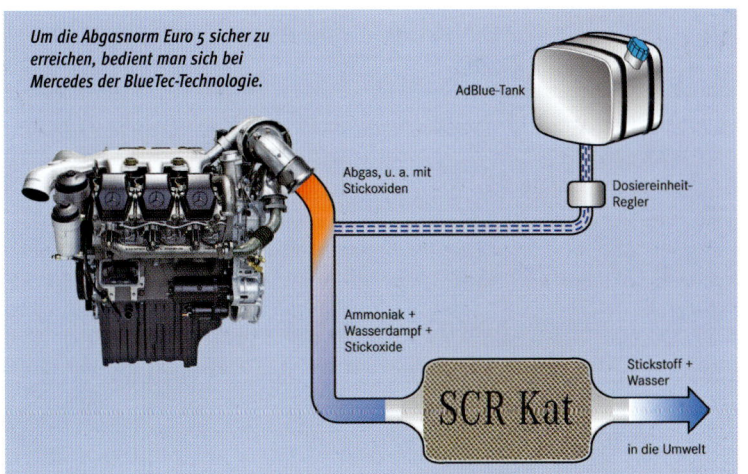

Um die Abgasnorm Euro 5 sicher zu erreichen, bedient man sich bei Mercedes der BlueTec-Technologie.

AdBlue-Tank

Abgas, u. a. mit Stickoxiden

Dosiereinheit-Regler

Ammoniak + Wasserdampf + Stickoxide

Stickstoff + Wasser

SCR Kat

in die Umwelt

schreiten. Dazu gehörten Maßnahmen im Kraftstoffeinspritzbereich ebenso wie der Rußfilter im Auspuff, aber auch der Abgasturbolader und die Anwendung der Ladeluftkühlung.

Das SCR-Verfahren

Beim SCR-Verfahren (SCR = Selective Catalytic Reduction) wird der Motor an sich belassen und ohne Rücksicht auf die Abgasqualität auf minimalen Verbrauch, also hohe Energieausbeute getrimmt. Stattdessen wird das Abgas zwischen Eintritt in den Auspuff und Austritt in die Atmosphäre aufwändig gereinigt. Nach Verlassen des Motors wird die Flüssigkeit AdBlue ins Abgas dosiert eingespritzt. AdBlue ist wässriger Harnstoff, ein Produkt, das Ammoniak enthält. Genau dosiert, spaltet es die Stickoxide in Stickstoff und Wasser. Dabei wird auch der im Abgas vorhandene Sauerstoff verwendet.

Das SCR-Verfahren erfordert einen separaten Tank für das AdBlue sowie eine exakte Dosiereinheit, einen Katalysator und den Abgasrußfilter. Pro 25 Liter Dieselverbrauch wird etwa ein Liter AdBlue benötigt. Mit der SCR-Technik ausgestattete moderne Lkw erreichen derzeit die Euro-5-Norm, die im Herbst 2009 verbindlich wird. Eine Mehrheit der westeuropäischen Lkw-Hersteller hat beschlossen, künftigen Abgasgrenzwerten mit dieser Technologie zu entsprechen.

XF 105 von DAF

Der jüngste unter den traditionellen Nutzfahrzeugherstellern, der sich seit seiner Gründung kontinuierlich auf dem Markt gehalten hat, ist DAF. 1928 als Anhängerfabrik von den Brüdern Hub und Wim van Doorne ins Leben gerufen, werden seit 1950 Lastkraftwagen im niederländischen Eindhoven produziert. Zuvor hatte man sich neben dem Anhängerbau, der frühe Wechselbehältersysteme, extrem leichte oder Auflieger mit Pendelachsen hervorbrachte, mit einem Umbausatz für amerikanische Zweiachser erfolgreich beschäftigt, die aus ihnen in kurzer Zeit einen 6x4-Dreiachser machten.

Der Bau von Anhängern und Aufliegern wurde in den frühen 80er-Jahren endgültig eingestellt. Einer der letzten Pritschenauflieger wurde noch jahrelang mit nagelneuen Sattelzugmaschinen zu Test- und Probefahrten eingesetzt.

Anfangs bestand das Programm nur aus wenigen Typen im Gewichtsbereich der heutigen Baureihe LF. Eingebaut waren Leyland-Motoren, die in Lizenz in den Niederlanden gefertigt wurden. Schon damals gab es bei den Brüdern pfiffige Ideen im Lkw-Bau zu sehen, vom Lkw mit Frontantrieb, hoher Teilestandardisierung bis zum Bau eigener Motoren, die sich schon bald den guten Ruf erarbeitet hatten, sparsam und sehr zuverlässig zu sein.

In der Bundesrepublik tauchten die ersten charakteristischen Cabovers mit schräg abfallender Front Ende der 50er-Jahre auf, sowohl im nationalen wie auch im internationalen Fernverkehr und sogar regional als Zehn-Tonnen-Allradkipper. Sie waren schon von weitem zu hören und mit ihrem charakte-

Das DAF-Programm: Eingerahmt von den leichten IF (außen) und der mittleren Baureihe CF steht das Flaggschiff XF mit „Super Space Cab".

ristischen Motorengeräusch von anderen Autos leicht zu unterscheiden.

Den Durchbruch erzielten die Niederländer mit dem ersten Turboladermotor in Kombination mit Ladeluftkühlung Mitte der 70er-Jahre. Die Serie 2800 fasste international Fuß. Zusammen mit den leichteren Baureihen hatten sie bald den Ruf, durchzugskräftige, zuverlässige Sparmeister zu sein. Konsequent wurden größtmögliche Ökonomie und Ökologie angestrebt, etwa 1990, als die Euro-Abgaswerte noch in den Kinderschuhen steckten, und der DAF 95 mit 9-NOx-Motor mit besten Abgaswerten vorgestellt wurde.

Ein Ausflug auf die britische Insel und das Engagement bei British Leyland brachten die Firma der cleveren Männer aus Eindhoven gehörig ins Straucheln, beinahe wäre der damals kleinste europäische Lkw-Hersteller

vom Markt verschwunden. Mit Staatshilfe und neuen Konstruktions-Ideen sowie einem Belegschaftsmodell, das sich quasi selbst am Schopf aus dem Sumpf zog, überlebte die Firma.

Heute gehört sie als eigenständige Tochter zum amerikanischen Paccar-Konzern (Pacific Cars and Foundry), der während des Zweiten Weltkriegs auch bei uns bekannte gepanzerte Sattelschlepper hergestellt hat. DAF steht in den aktuellen Zulassungszahlen teilweise an dritter Stelle.
Eingerahmt von der Mittelklasse und Vertretern der leichten Modelle führt die XF-Serie das Programm von DAF an. Der niederländische Lkw-Hersteller bietet in drei Klassen aufgeteilt ein Programm von 7,5 bis 32 respektive 40 Tonnen Gesamtgewicht mit zwei bis vier Achsen an. Die Motorleistungen betragen 140 bis 510 PS.

![LF, die leichte Baureihe]

LF, die leichte Baureihe

Die LF-Serie ist im unteren Bereich bis zwölf Tonnen vor allem für den Verteilerverkehr ausgelegt. Entsprechend ist der LF 45 mit zwölf Tonnen Gesamtgewicht an der Grenze zum LF 55, dem etwas größeren Bruder, angesiedelt. Mit 180 PS ist der Tankwagen für den Solobetrieb gut motorisiert, seine Wendigkeit prädestiniert ihn dafür, Brennstoffe wie Heizöl oder, mit speziellem Tankaufbau, auch Erdgas zu Verbrauchern in dicht besiedeltem Bereich zu liefern.

Den LF, das mautfreie Fahrzeug von DAF, gibt es auch mit mindestens 140 und maximal 280 PS. Neben der abgebildeten kurzen Kabine bietet der Hersteller auch eine lange Kabine mit einer Liege an. Obwohl DAF international zuerst seine Geschäfte mit Fernver-kehrsfahrzeugen ausbaute, sind die leichten Fahrzeuge schon lange im Programm. Als F 800 bis F 1200 gab es sie zunächst mit der Viererclub-Kabine, später mit einem von Leyland adaptierten Fahrerhaus. Die heutige Kabine wurde in Kooperation mit Renault entwickelt, die gemeinsame Basis ist unverkennbar. Wichtig war den Konstrukteuren der leichte Einstieg bei hoher Frequenz im Verteilerverkehr.

LF 45	
Motor	FR 136
Leistung	180 PS/136 kW
Drehmoment	700 Nm
Getriebe	6 oder 9 Gänge
Fahrerhaus	Standard
Gesamtgewicht	12 t
zul. Zuggewicht	max. 22 t

LF mit Kofferaufbau, ein Alltags-Lastesel für viele Anwendungen

Der leichteste LF wird mit einem Vierzylindermotor mit Euro-4-Abgaswerten angeboten, wahlweise mit 140 oder 180 PS. Als Fahrgestell mit Kofferaufbau und fallweise mit Ladebordwand am Heck gehört er zu den Standardfahrzeugen des Verteilerverkehrs. Die 7,5-Tonner bieten je nach Aufbau die höchste Nutzlast in ihrer Klasse. Der Vierzylindermotor ist hier von Vorteil, die Auslegung als Solofahrzeug ebenfalls. Welcher Radstand für welchen Aufbau erforderlich ist, kann sich beim fertigen, einsatzbereiten Fahrzeug ebenfalls auf die Nutzlast auswirken.

Die Klasse der 7,5-Tonner ist in der Bundesrepublik erheblich überbewertet. Das kommt aus der nationalen Einteilung der Fahrerlaubnisklassen, die hier die Grenze zwischen Pkw und Lkw setzte. Künftig wird man die Zäsur eher bei zwölf Tonnen Gesamtgewicht finden, oberhalb beginnt die Maut.

LF 45	
Motor	FR
Leistung	140 PS/103 kW
Drehmoment	550 Nm
Getriebe	6 Gänge
Fahrerhaus	Standard
Gesamtgewicht	7,5 t
zul. Zuggewicht	max. 22 t

Schwerer LF mit Absetzkipper

Zum Nahverkehr sowohl der Baubranche als auch der Entsorgungs- und Recyclingindustrie gehört unweigerlich die zweiachsige Ausführung des Absetzkippers. In dieser Form weitgehend standardisiert, was Radstand und mögliche Aufbaulänge betrifft, unterscheiden sich Fahrzeuge eines Herstellers meist nur bei der Motorleistung.

Mit 280 PS ist der LF 55 ein gut motorisierter Solokipper, dem man dann, wenn die Landschaft nicht mehr topfeben daliegt, kaum einen Anhänger zumutet. Ein Merkmal des Absetzkippers ist der kurze Radstand.

Für den Mittelstreckenverkehr wird als Basis für diese Fahrzeuge auch der CF angeboten, die Mittelklasse von DAF, die Anhängelasten bis hinauf zur Darstellung des 40-Tonnen-Zuges ermöglicht. Demnach wird der CF bei gleicher Tonnage wie der LF eher für den Zugverkehr in Betracht kommen. Fahrzeuge mit starker Motorisierung und mit hoher Anhängelast sind in der Regel schwerer als der Solotyp.

LF 55	
Motor	GR
Leistung	280 PS/206 kW
Drehmoment	1.020 Nm
Getriebe	6 oder 9 Gänge
Fahrerhaus	Standard
Gesamtgewicht	18 t
zul. Zuggewicht	32 t

In alten Zeiten liefen die DAF-Mittelklasse-Lkw als F 1300 bis F 2300. Heute steht das Kürzel für das breite Angebot der Fahrzeuge zwischen 18 und 40 Tonnen, jedoch nicht für den internationalen schweren Fernverkehr.

CF umspannt den zweiachsigen 18-Tonnen-Koffer mit 220 PS Motorleistung ebenso wie den 32-Tonnen-Vierachskipper, Fahrgestelle für Spezial-aufbauten und Wechselbrückenzüge mit 510 PS. Die CF-Serie gibt es mit kurzem Nahverkehrsfahrerhaus, mit langer Kabine und einer Liege und mit dem hohen Space-Cab-Fahrerhaus mit einer zusätzlichen Liege als Option. Hier steht eine so große Anzahl von Radständen und Rahmenhöhen zur Verfügung, dass sie den Umfang dieses Buches sprengen würde. Während die Grenze zur LF-Reihe relativ klar gezogen ist, sind CF- und XF-Programm eng miteinander verzahnt. Allerdings ist der CF nur bedingt für den Langstreckenfernverkehr ausgelegt. Die Größen- und

Designzeichnung des neuen CF

Tonnagegruppen heißen CF 65, 75 und 85 und werden mit drei verschiedenen Motorengrößen und acht Leistungsstufen ausgerüstet. Markant ist das Fahrerhaus mit seinen „Pausbacken", das sich damit deutlich von LF und XF unterscheidet. In seiner Basisversion wird es seit 1990 produziert.

DAF CF als Kippsattelzug

Auf Spezialfahrgestellen werden Feuerwehrautos aufgebaut, zum Beispiel als 6x2/4.

Mit einem für ein Solofahrzeug leistungsstarken Motor und dem wendigen dreiachsigen Fahrgestell mit zwei gelenkten Achsen kommt diese Feuerwehrdrehleiter dicht an den Einsatzort. Während die erste und die letzte Achse des Spezialfahrzeugs gelenkt ist, wird die mittlere, zwillingsbereifte Achse angetrieben. Die gleiche Achskonfiguration wird beispielsweise für den Innenstadt-Verteilerverkehr mit hoher Gütermenge oder bei der Zustellung schwerer Frachten gewählt.

Zu bemerken ist, dass das Feuerwehrfahrzeug trotz der auf dem Fahrerhaus aufliegenden Leiter eine geringe Höhe aufweist, hier wurde schon beim Fahrgestell auf geringe Gesamthöhe geachtet und dies mit diversen Optimierungsmaßnahmen wie die Wahl der kleinstmöglichen Bereifung oder niedrig gelagertem Fahrerhaus erreicht.

CF 85	
Motor	Paccar MX 12,9 l
Leistung	360 PS/265 kW
Drehmoment	1.775 Nm
Getriebe	Automatik
Fahrerhaus	Standard
Gesamtgewicht	25 t
zul. Zuggewicht	–

Für den Mittelstreckenverkehr: Der CF 85

Für den weitgehend nationalen Fernverkehr ist der DAF CF 85 bestens ausgestattet. Dank des nicht zu großen Leergewichtes, der technisch ausgereiften Ausstattung und seiner guten Motorleistung gehört er durchaus zu den Gewinnern hinsichtlich der Gesamtnutzlast. Als dreiachsige Zugmaschine und mit dem stärksten Motor ausgerüstet, kann der CF 85 auch in Kombination mit Tiefladeaufliegern mit Gesamtzuggewichten bis zu 80 bis 100 Tonnen eingesetzt werden.

Das zwölf- oder 16-stufige Getriebe, die Basis bilden sechs beziehungsweise zwölf Hauptgänge, kann gegen Mehrpreis und auf Wunsch mit automatisierter Schaltung geordert werden. Statt des Schalthebels sitzt ein Drehknopf in der Armatur, das Kupplungspedal fehlt. Mit dem Drehknopf kann manuell (M) gefahren werden, dann legt der Fahrer die Schaltstufe mittels kleinem Hebel an der Lenksäule ein, A (D=Drive) bezieht sich auf das vollautomatische Fahrern, R logischerweise für Rückwärtsfahrt, hier kann es zwei Stufen geben, zusätzlich für Rangieren. Die „AS-tronic" stammt ebenso wie das Getriebe von ZF (Zahnradfabrik Friedrichshafen).

CF 85	
Motor	Paccar MX 12,9 l
Leistung	460 PS/338 kW
Drehmoment	2.300 Nm
Getriebe	12/16 Gänge/autom. Schaltung
Fahrerhaus	Space Cab
Gesamtgewicht	18 t
zul. Zuggewicht	40 t

Ein Engländer, erkennbar an der dreiachsigen Zugmaschine

Dieser Tankzug auf sechs Achsen wird von einer Sattelzugmaschine der Achsformel 6x2/4 gezogen. Nur die starre Zwillingsachse ist angetrieben, während die beiden vorderen Achsen gelenkt sind. Die mittlere Achse wird, weil sie direkt vor der letzten Achse platziert ist, als Vorlaufachse bezeichnet.

Bei Tankzügen, die Gefahrgut transportieren, ist die Zugmaschine mit zwei gelenkten Achsen schon seit langem beliebt, stellt sie doch bei einem plötzlichen Reifendefekt zusätzliches Spursicherheitspotenzial zur Verfügung.

Andererseits bietet sie mit der zusätzlichen Achslastreserve weitere Nutzlast und den Einsatz im 44-Tonnen-Zug an, der in den Niederlanden möglich ist und in der Bundesrepublik im Containerverkehr vom und zum Seehafen oder auch zu einem Containerumschlagplatz erlaubt ist; schließlich wird er in Großbritannien zur Nutzung maximaler Zuggewichte ebenfalls gern gefahren.

CF 85	
Motor	Paccar MX 12,9 l
Leistung	510 PS/375 kW
Drehmoment	2.500 Nm
Getriebe	12/16 Gänge, optional: AS-tronic
Fahrerhaus	Space Cab
Gesamtgewicht	25 t
zul. Zuggewicht	40/44 t

Klassischer Abrollkipperzug mit langem Radstand und Doppelachsantrieb

Ein weiterer typischer Einsatz für den CF 85 ist die Verwendung als Abrollkipper im Zugbetrieb. Das 6x4-Fahrgestell mit langem Radstand und Abrollkippaufbau kann alle genormten Abrollbehälter aufnehmen, die in der Regel auch auf den passenden Anhänger passen, auf dem die Behälter lediglich abgestellt und verzurrt werden. Der Einsatzradius ist in der Regel auf 100 bis 120 Kilometer beschränkt, die jeweiligen Arbeitsaufträge lassen sich meist in einem Tag erledigen. Als Transportgüter kommen neben Holzschnitzeln, Metallspänen und Leichtschüttgut auch Müll und Recyclingmaterial in Frage.

Der Abrollkipperzug wird vielfach zum Mülltransport von Sammelstellen zur Verbrennungsanlage oder zu einer Enddeponie eingesetzt. Der Doppelachsantrieb ist vor allem beim Kippen und Entladen auf der Deponie nötig, um die erforderliche Traktion zu gewährleisten. Abrollkipper auf 6x2-Fahrgestellen mit Liftachse sind nahezu reine Straßenfahrzeuge, die nicht für den Baustelleneinsatz vorgesehen sind. Unser obiges Bild zeigt den Dreiachser mit langem, niedrigem Fahrerhaus, das bei den Fahrern besonders beliebt ist.

CF 85	
Motor	Paccar MX 12,9 l
Leistung	410 PS/301 kW
Drehmoment	2.000 Nm
Getriebe	Getriebe 12/16 Gänge, optional: AS-tronic
Fahrerhaus	Fernverkehr
Gesamtgewicht	26 t
zul. Zuggewicht	40 t

Für den Baustellenbetrieb bietet DAF 8x4-Vierachser für Kipper- oder Mischereinsatz an.

Eine Domäne der CF-Serie ist der Baustellenverkehr und hier wiederum die Vierachser-Ausführung. Der Solowagen mit zulässigem Gesamtgewicht von 32 Tonnen, technisch jedoch in der Regel höher belastbar, wird überall dort eingesetzt, wo mit Sattel- oder Gliederzügen nicht hinzukommen ist, sei es aus Platzgründen, sei es aus Traktionsgründen in schwerem Gelände. Der abgebildete Vierachser mit Hinterkipp-Rundmulde kann mit zahlreichen Optimierungsmaßnahmen entweder in Richtung hoher Nutzlast oder zu hoher Überlademöglichkeit hin ausgelegt werden. Dabei schwankt das Leergewicht zwischen 13 und 15 Tonnen. Der CF-Vierachskipper kann mit allen Motoren aus der Serie Paccar 12,9 Liter komplettiert werden.

Voraussetzung für eine optimale Verteilung des Gewichts auf die vier Achsen ist die etwas nach hinten versetzte zweite Vorderachse. Generell gilt für den Vierachser, dass die Ladung auf der Ladebrücke etwas nach vorne zu platzieren ist.

DAF bietet keine Vierachser mit Allradantrieb oder dritter angetriebener Achse an, wohl aber den Vierachser in 8x2/4-Konfiguration mit gelenkter, nicht angetriebener Achse, beispielsweise für Müllsammelfahrzeuge oder Pritschenfahrzeuge mit schwerem Ladekran auf der zweiten Achse.

CF 85	
Motor	Paccar MX 12,9 l
Leistung	410 PS/301 kW
Drehmoment	2.000 Nm
Getriebe	12/16 Gänge, optional: AS-tronic
Fahrerhaus	Nahverkehr
Gesamtgewicht	32 t
zul. Zuggewicht	40 t

Bis in die frühen 70er-Jahre galt DAF als Außenseiter auf unseren Straßen. Erst mit der Serie 2600, einem Frontlenker mit festem Fahrerhaus und „viel Platz in der Hütte" sowie leicht aufgeladenem Motor sah man die Niederländer im grenzüberschreitenden Güterverkehr öfters. Der Nachfolger des Typ 2800 machte bereits Furore, zum einen wegen des Sechszylinder-Reihenmotors mit Turboaufladung und 320, später 310 PS, die der Wettbewerb nur mit großvolumigen und schweren V8- oder gar V10-Motoren erreichte, zum anderen mit einer geräumigen und durchdacht ausgestatteten Kabine.

Gleichzeitig mit der Reduzierung der Nennleistung hob DAF das maximale Drehmoment an und reduzierte den Kraftstoffverbrauch. Bald war der 2800er der Dieselsparer schlechthin und wäre beinahe zum „King of the Road" gekrönt worden – hätte es nicht die bärenstarken Scanias gegeben. Schon in dieser Zeit wurde motorenseitig die Basis für den heutigen XF geschaffen, auf dem 2800 DKSE mit dem Motorentyp 1160 DKS und den daraus abgeleiteten Erfahrun-gen basiert der heutige R-6-Zylinder mit 12,9 Litern Hubraum.

Der XF wie sein Motor haben Erfolg, weil langjährige, penible Messungen im internationalen Fernverkehr, gepaart mit zahlreichen Kundeninterviews, gesammelt und praxisorientiert aufbereitet wurden. Beispielsweise ist das Super Space Cab des XF die größtmögliche Fernverkehrskabine in Europa, obwohl sie von der verfügbaren Ladelänge keinen Millimeter abknapst.

Mit dem XF 105 und der AdBlue-Technik setzt DAF den Bau umweltfreundlicher Fahrzeuge fort, die unter anderem den schon erwähnten neuen NOx-Motor von 1990 umfasst.

Der XF ist die Serie für den schweren Güterfernverkehr, nichtsdestoweniger umfasst das Lieferprogramm auch eine kurze Kabine und Fahrgestell für den Nahverkehr.

DAF XF 105 mit Super Space Cab

Das derzeitige Flaggschiff der Niederländer ist der XF 105.

Neuestes Modell von DAF ist der XF 105 mit Motoren von 410 bis 510 mit SCR-Technik als Euro-4- und Euro-5-Ausführung. Gegenüber den als Vorgänger gebauten XF 95 wurde das Design leicht überarbeitet.

Die 4x2-Sattelzugmaschine ist bei DAF der Verkaufsschlager schlechthin. In Deutschland werden jährlich steigende Zulassungszahlen erreicht, inzwischen platziert DAF sogar mehr Zugmaschinen im Fernverkehr als die Kolegen von Iveco, Volvo, Scania und Re-nault. Insofern ist der DAF-Fernverkehrszug mittlerweile ein geradezu alltägliches Bild auf unseren Autobahnen und Fernstraßen.

XF 105	
Motor	Paccar 12,9 l
Leistung	510 PS/375 kW
Drehmoment	2.500 Nm
Getriebe	12/16 Gänge, optional: AS-tronic
Fahrerhaus	Space Cab
Gesamtgewicht	18 t
zul. Zuggewicht	40 t

XF 105 Sattelzugmaschine mit Super Space Cab für den Langstreckenverkehr

Die Aufnahme der einzelnen Zugmaschine zeigt die Dimensionen der Super Space Cabs mit einer inneren Stehhöhe von 2,25 Metern und einer Innenlänge von ebenfalls 2,25 Metern. Problemlos lassen sich hierin zwei Liegen üppiger Breite unterbringen. Das Flaggschiff wird zwar meist als Sattelzugmaschine ausgeliefert, ist aber auch als zwei-, drei- und vierachsiges Fahrgestell verfügbar. Zahlreiche Details stehen auf der Ausstattungsliste für die maximale Fernverkehrskabine.

Im internationalen Fernverkehr wird die Fahrerkabine für den respektive die Fahrer gleichzeitig zum Arbeitsplatz, zum Schlaf- und zum Wohnzimmer, in dem sie oft genug das Wochenende im Industrie- oder Hafengebiet einer südeuropäischen Großstadt verbringen müssen.

Einen wesentlichen Teil (nicht nur) ihrer Arbeitszeit verbringen die Fahrer von Schwer- und Spezialtransporten in der Kabine, wenn sie – zum Beispiel während der Hauptverkehrszeit – Zwangspausen mit ihren überbreiten und/oder überlangen Ladungen einlegen müssen.

XF 105	
Motor	Paccar 12,9 l
Leistung	410–510 PS/300–375 kW
Drehmoment	2.000–2.500 Nm
Getriebe	12/16 Gänge, optional: AS-tronic
Fahrerhaus	Super-Space Cab
Gesamtgewicht	18 t
zul. Zuggewicht	40 t

Der XF 105 eignet sich dank seines drehmomentstarken Motors auch für überschwere Spezialtransporte.

In der dreiachsigen Ausführung mit zwei Lenkachsen findet der DAF XF 105 besonders beim Straßenschwerverkehr guten Zuspruch. Neben der stabilen Lenkung lässt sich bei den Tiefladeaufliegern die Last auf dem Schwanenhals, dem Teil des Aufliegers, der über das Heck der Sattelzugmaschine und über den Königszapfen hineinragt, die Last gut platzieren und verteilen. Im Bereich der niedrigen Klappbordwände finden allerlei Zurrmittel, Ersatzreifen für den Auflieger, Spezialwerkzeug und bei Bedarf auch Ballast Platz.

Die Tiefbettauflieger werden mit unterschiedlichen Achszahlen gebaut. Der hier abgebildete Zug mit drei Achsen erreicht mit der Zugmaschine 56 Tonnen Gesamtgewicht, das sind rund 35 Tonnen Nutzlast. Zur Be- und Entladung von mobilen Geräten, wie beispielsweise der in der Abbildung zu sehenden Steinbrechanlage, wird der Auflieger am vorderen Ende des Tiefbetts abgesenkt und dort mit der bordeigenen Hydraulikanlage geteilt. Die Zugmaschine fährt samt Schwanenhals nach vorne ab und das Tiefbett kann beladen werden.

XF 105	
Motor	Paccar MX 12,9 l
Leistung	510 PS/375 kW
Drehmoment	2.500 Nm
Getriebe	12/16 Gänge, optional: AS-tronic
Fahrerhaus	Super-Space Cab
Gesamtgewicht	26 t
zul. Zuggewicht	56 t

Klassischer Wechselbrückenzug, der zum alltäglichen Bild auf den Straßen gehört

Zu den Standard-Lastzügen auf unseren Straßen gehören die so genannten Wechselbrückenzüge. Bei diesen weitgehend genormten Zügen, die voll luftgefedert sind, werden die Aufbauten zum Wechseln auf mitgeführte Klappstützen gesetzt und aus ihren „Twistlock"-Verschlüssen gelöst, das Fahrgestell mittels Federbalgentlüftung abgesenkt und unter den auf den Stützen platzierten Behältern abgezogen. Die Beladung geschieht auf umgekehrte Weise.

Die Wechselbehälter können unterschiedlich aufgebaut sein, vom Pritschenaufbau über Plattformen mit seitlichen Rollplanen über Koffer- und Kühlauflieger bis zum Tankaufbau. Die genormte Länge beträgt meist 7,15 Meter.

Der eigentliche Zugwagen besteht nur aus dem Fahrgestell und einem darauf verschraubten Wechselbrückenrahmen mit den vier Eckpunkten zur Aufnahme des Behälters. Meist sind die Lkw mit einem verstärkten Luftkompressor und zusätzlichen Druckluftvorratsbehältern versehen. Ein Sicherheitsventil verhindert, dass Druckluft aus den Bremsbehältern für den Senk- und Hebevorgang entnommen wird.

Der abgebildete XF 105 ist mit dem Super Space Cab sicher übernotwendig ausgestattet, da logistisch sinnvoller Wechselverkehr kaum über zwei Tage in einer Relation hinausgehen sollte.

XF 105	
Motor	Paccar MX 12,9 l
Leistung	460 PS/340 kW
Drehmoment	2.500 Nm
Getriebe	12/16 Gänge, optional: AS-tronic
Fahrerhaus	Super Space Cab
Gesamtgewicht	26 t
zul. Zuggewicht	40 t

IVECO

Der moderne Schwer-Last-kraftwagen Iveco Stralis

Der europäische Nutzfahrzeugkonzern ist in seiner heutigen Form in der zweiten Hälfte der 70er-Jahre entstanden. Unter Führung von Fiat schmiedeten OM und Lancia (beide in Italien ansässig), Magirus-Deutz als deutscher Partner und der französische Hersteller Unic die Industrial Vehicles Corporation, dazu kamen aus Großbritannien Ford Truck und Enasa/Pegaso aus Spanien. Heute werden in allen Ländern Fahrzeuge und Komponenten hergestellt, hinzu kommt ein Motorenentwicklungswerk im schweizerischen Arbon, das auf einem Teilgelände der früheren Saurer-Nutzfahrzeugfabrik beheimatet ist.

Die nationalen Traditionsmarken hatten allerdings lange ihre treuen Kunden, der Magirus-Kunde akzeptierte lange nicht, plötzlich Fiat zu kaufen, bei Unic lief es ähnlich. Die neue Marke Iveco, in vielen Komponenten deutlich italienisch geprägt, konnte sich erst Anfang

der 90er-Jahre durchsetzen. Heute wird ein volles Nutzfahrzeugprogramm von 3,5 bis 40 Tonnen Gesamtgewicht angeboten. Hinzu kommen schwere Baustellenkipper (Astra) und auf der Serie basierende Schwerlastzugmaschinen.

Eurocargo

Die leichte und mittlere Serie der Iveco-Produkte vertritt die Baureihe Eurocargo. Den Namensteil Cargo verdankt sie dem gleichnamigen Ford-Vorgänger, der in den späten 70er-Jahren bis etwa 1990 als hochmoderner Lastkraftwagen mit sechs bis 22 Tonnen Gesamtgewicht gebaut wurde und in vielen Komponenten auch heute noch als modern gilt. Der Eurocargo wird mit bis zu 18 Tonnen Gesamtgewicht und bis zu einer Motorleistung von 240 PS gebaut. Seit 2005 werden die Eurocargo mit Motoren der Tectorserie in verbesserter Form durchweg mit Euro-4-Motoren gebaut.

Der Eurocargo ist ein beliebter Liefer-Lkw für viele Branchen.

Der kleinste Eurocargo, bei uns überwiegend als 7,5-Tonner zugelassen, wird mit 130 PS als Vierzylinder gebaut. Der leichte universell mit verschiedenen Aufbauten lieferbare Lkw ist mit Kofferaufbau, teilweise mit Ladebordwand, E-13-Motorisierung und Fünf-Gang-Getriebe ein beliebtes Fahrzeug für die Vermieterflotten, ist er doch strapazierfähig und genügsam. Das Fünf-Gang-Getriebe weist eine geringere Schalthäufigkeit auf, somit werden der Kupplungsverschleiß reduziert und Kupplungsschäden vermieden. Ansonsten ist er ein ausgesprochener Liefer-Lkw. Als Kipper wird er in kleinen Bauunternehmen sowie beim Garten- und Landschaftsbau eigesetzt. Bei der Nutz-last ist er mit diversen Aufbauten dem kleineren Bruder „Daily" mit 6,5 Tonnen Gesamtgewicht unterlegen. Die Anhängelast bezieht sich im wesentlichen auf auflaufgebremste 3,5-Tonnen-Anhänger, da nicht serienmäßig eine für den Anhängerbetrieb ausgelegte Druckluftbremsanlage eingebaut ist.

EUROCARGO 80 E 14	
Motor	E 14, R 4
Leistung	140 PS/104 kW
Drehmoment	460 Nm
Getriebe	5 oder 6 Gänge
Radstand	2.700–6.570 mm
Fahrerhaus	kurz
Gesamtgewicht	8 t
zul. Zuggewicht	12 t

Der Doppelkabiner dient zum Beispiel auch im Garten- und Landschaftsbau als Lastesel.

Es sind reichhaltige Einsatzmöglichkeiten für den Eurocargo-Kipper mit Doppelkabine vorhanden: Von der Estrichkolonne über den Straßenunterhaltungsdienst im Tief- und Straßenbau, bis zum Einsatz als Werkstatt- und Montagewagen mit aufgesetztem Container oder mit Kofferaufbau erstreckt

EUROCARGO 80 E 16	
Motor	E 16, R 4
Leistung	160 PS/118 kW
Drehmoment	530 Nm
Getriebe	6 Gänge
Radstand	3.260–6.260 mm
Fahrerhaus	Doppelkabine
Gesamtgewicht	8 t
zul. Zuggewicht	12 t

sich das Spektrum. Die Kabine bietet Platz für sieben Personen inklusive des Fahrers. Der Doppelkabiner kann auch mit einem 130-PS-Motor bestellt werden. Die nicht allzu üppige Nutzlast ist jedoch ausreichend für diverse Werkzeuge und kleinere Mengen an Arbeitsmaterial. Die Kabine bietet neben den sieben Sitzplätzen auch noch Stauraum für die persönlichen Utensilien der Besatzung.

Den Doppelkabiner gibt es auch in höheren Tonnageklassen und stärker motorisiert. Da einige Varianten des Iveco Eurocargo auch mit Allradantrieb lieferbar sind, kann auch der Doppelkabiner mit vier angetriebenen Rädern kombiniert werden.

Eurocargo mit leicht isoliertem Kofferaufbau

Der 75E17 ist mit dem stärksten verfügbaren Vier-Zylindermotor relativ stark motorisiert, so dass er auch ein höheres Zuggewicht oder den Einsatz in bergiger Landschaft gut verkraftet. Das weit herunter gezogene Seitenfenster ist im Stadtverkehr und auf mehrspurigen Straßen von Vorteil, verkleinert sich der tote Winkel im rechten vorderen Bereich doch deutlich. Gut erkennbar auch der bequeme Einstieg, hinter der Tür verborgen folgt noch eine Stufe. Der offensichtlich isolierte Aufbau dient dem Lebensmitteltransport und -verteilerverkehr. Mit solchen Fahrzeugen werden in der Regel Großverbraucher aus der Gastronomie sowie Metzgerei-Verkaufsstellen versorgt.

Fahrzeuge dieser Größe werden auf Halbtages- und Tagestouren eingesetzt. Die Heckpartie kann unterschiedlich und eventuell sogar mit einer halbbreiten Ladebordwand ausgerüstet sein. Auch innen gibt es die Möglichkeit, mit einer Trennwand zwei Temperaturbereiche voneinander abzuteilen.

EUROCARGO 75E17	
Motor	E17 R4
Leistung	170 PS/125 kW
Drehmoment	560 Nm
Getriebe	6 Gänge
Radstand	3.260–6.260 mm
Fahrerhaus	Standard
Gesamtgewicht	7,5 t
zul. Zuggewicht	21 t

Die Trakkerserie ist speziell für die Bauwirtschaft eingeführt worden. Die Motoren decken sich weitgehend mit denen des Stralis und stammen aus der Cursor-Serie. Diese stehen in drei Hubraumklassen und entsprechender Motorisierung zur Verfügung: Cursor 8, Cursor 10 und Cursor 13, der leistungsstärkste ist für die Bauwirtschaft der Cursor 13 mit 490 PS, für den Stralis steht ein Cursor-13-Triebwerk mit stolzen 560 PS zur Verfügung. Die Trakker gibt es als Zwei-, Drei- und Vierachser mit und ohne Allradantrieb, teilweise auch vorbereitet für spezielle Aufbauten wie zum Beispiel Fahrmischer.

Da in Italien unter bestimmten Bedingungen Drei- und Vierachser sowie Sattelzüge mit erheblich höheren Tonnagen als bei uns gefahren werden dürfen, sind diese Fahrzeuge entsprechend ausgelegt und sind äußerlich

Bullige Erscheinung: Iveco Trakker

zum Beispiel als Kippfahrzeuge an ihren überdimensional hohen Bordwänden und an den Warnlichtern auf dem Fahrerhaus erkennbar.

Die Trakker-Serie leistet ihre Dienste vor allem in der Bauwirtschaft.

Gängiger Dreiachskipper mit Meiller-Aufbau

Zu den Standardgrößen der Baufahrzeuge gehört bei allen Herstellern der 6x4-Dreiachskipper, hier ein Meiller-Aufbau mit 1,1 Meter hohen Bordwänden. Diese Fahrzeuge sind bei vielen Komponenten standardisiert. In der abgebildeten Form kann man ihn häufig auf unseren Straßen mit und ohne Anhänger antreffen. Trotz fehlenden Vorderachsantriebs sind die 6x4-Fahrzeuge mit Längs- und Querdifferentialsperren erstaunlich geländegängig, erst bei überschweren Gelände und schlechten Bodenverhältnissen ist Allradantrieb vonnöten, auch bei Zugbetrieb ist dieser auf der Baustelle von Vorteil.

Das kurze Fahrerhaus reicht im Tagesverkehr vollkommen aus. In der abgebildeten Form kommt der Trakker solo auf etwa 14 Tonnen Nutzlast, im Zugbetrieb sind etwa 24 Tonnen möglich.

TRAKKER 6X4	
Motor	Cursor 8
Leistung	410 PS/300 kW
Drehmoment	1.100 Nm
Getriebe	12 Gänge
Radstand	3.460–4.500 mm
Fahrerhaus	kurz
Gesamtgewicht	26 t
zul. Zuggewicht	40 t

Dieser vierachsige Trakker-Kipper muss demnächst gewaschen werden.

Nicht sehr wirklichkeitsnah durchfährt dieser Vierachser mit italienischer Halfpipe-Mulde mit Schwung und unter Aufwirbelung großer Mengen von Schlamm und Schmutzwassers das Wasserloch. Damit wird im Wesentlichen eine Verschmutzung des Fahrzeugs von unten erreicht, feinster Schlamm, der sich in Motor-, Getriebe- und Achslagern breit macht und langfristig zu erhöhtem Verschleiß und Langzeitschäden führt.

Wasserdurchfahrten und wenig übersichtliche Schlammlöcher sollten eher gemieden werden, auch um ein Festfahren zu vermeiden, denn das kann mit nassen Füßen verbunden sein. Selbst bei normal guter Traktion helfen sämtliche Sperren wenig, wenn der Lkw erst einmal in ungünstiger Position stehen bleibt. Für die baustelle sind im übrigen einige Ausstattungsdetails von Nutzen, die teilweise auch hier zu sehen sind: Vergitterte Scheinwerfer, leicht zu tauschende, robuste Stoßstangen und ein bequemer Einstieg mit flexiblen Stufen, die Steinen und Unebenheiten in der Spur nachgeben. Wichtig, aber noch immer nicht bei allen Kippfahrzeugen vorhanden, sind Trittflächen und dazu gehörige Haltegriffe, von denen aus der Fahrer die Beladung kontrollieren kann.

TRAKKER 8X4	
Motor	Cursor 13
Leistung	480 PS/360 kW
Drehmoment	2.200 Nm
Getriebe	12 Gänge/Eurotronic
Radstand	3.500–4.500 mm
Fahrerhaus	kurz
Gesamtgewicht	32 t
zul. Zuggewicht	40 t

Trakker mit robuster Hinterkippmulde und relativ hohen Bordwänden

Mit einer Hinterkipp-Stahlmulde versehen, wird dieser Trakker für den Einsatz mit grobem Ladegut wie grobkörnigem Material und Abbruch eingesetzt. Gerade bei Abbruchmaterial als durchaus sperrigem Ladegut sind Bordwände mit großer Höhe zum einen bei der sicheren Beladung praktisch, als auch, um das Ladegut oft mit leichtem Gewicht bis zur Nutzlastgrenze ausladen zu können. Der jeweils zum Einsatz kommende Motor wird als Cursor-8- wie als Cursor-13-Triebwerk geliefert und mit den entsprechenden Leistungsstufen, mittlerweile bei Iveco durchweg mit Euro-4- und Euro-5-Abgastechnologie.

Die seitlich über der zweiten Achse an der Mulde angebrachte Leiter ist von der deutschen Unfallversicherung nicht zugelassen, weil dort praxisnah noch lange nicht gut heißt. Statt dessen kommt es zu unpraktischen, kaum genutzten Lösungen. Wie man überhaupt mit akrobatischen Übungen zu Arbeiten auf und in der Mulde kommt, bleibt dem Geschick des Fahrers überlassen.

TRAKKER 8X4	
Motor	Cursor 13
Leistung	440 PS/323 kW
Drehmoment	2.100 Nm
Getriebe	12 Gänge/Eurotronic
Radstand	3.400–4.500 mm
Fahrerhaus	Standard
Gesamtgewicht	32 t
zul. Zuggewicht	40 t

Trakker als Vierachskipper in Italien

Dieser Trakker-Vierachser ist in der abgebildeten Form vor allem für den italienischen Markt gemacht. Mit gelben Dachwarnleuchten, relativ kurzer Achsübersetzung, um die maximale, erlaubte Geschwindigkeit mit eigenen

TRAKKER 8X4	
Motor	Cursor 13
Leistung	490 PS/360 kW
Drehmoment	2.200 Nm
Getriebe	12 Gänge/Eurotronic
Radstand	3.400–4.500 mm
Fahrerhaus	kurz
Gesamtgewicht	40 t
zul. Zuggewicht	k.A.

Mitteln nicht überschreiten zu können, und überhohen Bordwänden an der Hinterkippmulde darf das Fahrzeug im Rahmen öffentlicher Baumaßnahmen über 40 Tonnen Gesamtgewicht auf die Waage bringen. Dafür und bei starken Steigungen im Einsatzbereich ist der Cursor-13-Motor mit 490 PS gerade passend.

Gleich motorisiert und mit deutschem Aufbau zum Beispiel von Carnehl oder Meiller bestückt, darf der vierachsige Trakker regulär mit 32 Tonnen Gesamtgewicht fahren. Leer wiegt er dann zwischen 13 und 14 Tonnen, so dass gut 18 Tonnen Nutzlast verbleiben.

Stralis Schwerlastzugmaschine 8x4/4 mit Vorlaufachse

Auch bei Icevo sind verschiedene Varianten vierachsiger Schwerlastzugmaschinen im Programm. Mit möglichst kurzem Radstand und eher als Vorlaufachse platzierter zweiter Lenkachse werden die Fahrzeuge als Sattelzugmaschinen gebaut, um mehrachsige Auflieger mit Tiefbett zu ziehen und Gesamtgewichte von 100 Tonnen und mehr zu ziehen.

Hinter dem Fahrerhaus befinden sich zusätzliche Druckluftbehälter für die Bremsen, Ölkühler für Motoröl. Getriebeöl und WSK. WSK, das ist eine hydraulische Kupplung, die beim Anfahren das Drehmoment überhöht und außerdem sehr langsame Fahrt ermöglicht.

Hohe Lasten werden damit genauso ermöglicht wie präzises Fahren, zum Beispiel an Engstellen, und andere schwierige Manöver.

Vor etwa 20 Jahren handelte es sich bei Schwerlastzugmaschinen um ausgesprochene Spezialfahrzeuge mit Motorleistungen um die 400 PS. Heute entsprechen sie so weit als möglich der Serie und sind mit von den normalen Fahrzeugen stammenden Komponenten aufgebaut.

TRAKKER 8X4	
Motor	Cursor 13
Leistung	480 PS/353 kW
Drehmoment	2.100 Nm
Getriebe	12 Gänge Eurotronic, WSK
Radstand	k. A.
Fahrerhaus	lang, hoch
Gesamtgewicht	35 t
zul. Zuggewicht	40 t

Im wesentlichen für den Fernverkehr konstruiert, wurde der Stralis als Nachfolger der Eurostar und Eurotech auf die Räder gestellt. Durchgehend mit Cursor-Motoren, Cursor 8 (7,79 Liter Hubraum), Cursor 10 (10,3 Liter) und Cursor 13 (12,88 Liter) und dicht abgestufter Leistungspalette vorgesehen, decken sie als Zwei- und Dreiachser, als Sattelzugmaschinen und Fahrgestelle weitgehend die Anforderungen des schweren Straßengüterverkehrs ab. Diverse Fahrerhäuser bis zur Großraumkabine für den internationalen Fernverkehr bilden eine Vielfalt an Angeboten für verschiedene Einsätze – vom Pritschenwagen über das Fahrgestell mit Rahmen für Wechselaufbauten und Sattelzugmaschinen mit unterschiedlichen Radständen.

Seit 2005 ist der Stralis mit Euro-4- und Euro-5-Motoren lieferbar.

Mit dem Stralis führte Iveco erstmals die Eurotronic ein, das mit ZF gemeinsam entwickelte, automatisch zu schaltende Getriebe. Die beiden Firmen kooperierten bei der Entwicklung miteinander, anschließend wartete die Zahnradfabrik Friedrichshafen, bis das aus dem ZF Ecosplit entstandene Getriebe mit automatisch elektronischer Schaltung allgemein auf dem Markt angeboten wurde. Inzwischen wird auch ein zwölfstufiges, automatisiertes Getriebe von ZF angeboten, und die Eurotronic wurde beständig weiterentwickelt.

Die Angebotspalette des Stralis-Programms reicht bis zu der stolzen Leistung von 540 PS.

Mit dem Iveco Stralis auf Europas Straßen unterwegs

Einsatz im Mischguttransport: Hier ist möglichst viel Nutzlast des Sattelzugs gefragt.

Mitunter sind Trakker und Stralis in Komponenten und Einsatzzweck miteinander verwoben. Diese Sattelzugmaschine ist nutzlastoptimiert und weniger als sechs Tonnen schwer. Kombiniert mit einem leichten Auflieger mit weniger als sechs Tonnen Leergewicht bietet ein solcher auf Straßeneinsatz ausgelegter Kippsattelzug mehr als 28 Tonnen Nutzlast. Hier wird der Stralis mit Euro-5-Motor im Transport von bituminösem Mischgut vom Mischwerk zur Straßenbaustelle verwendet. Da bei diesem Geschäft längere Pausen vorkommen, ist das lange, niedrige Fahrerhaus mit einer Liege die richtige Ausstattung. Das geringe Leergewicht der Zugmaschine ist auch auf den leichten Cursor-8-Motor mit sechs Zylindern und acht Litern

Hubraum zurück zu führen. Solange keine größeren Steigungen im Einsatz vorkommen, ist die 360-PS-Maschine vollkommen ausreichend.

Der Meiller-Hinterkippauflieger mit Alumulde in rechteckigem Querschnitt gehört zu den leichteren Aufliegern, ist in dieser Ausführung für den Straßeneinsatz konzipiert und passt zur Zugmaschine.

STRALIS 4x2	
Motor	Cursor 8
Leistung	360 PS/265 kW
Drehmoment	1.100 Nm
Getriebe	12 Gänge/Eurotronic
Radstand	3.600 mm
Fahrerhaus	niedrig, lang
Gesamtgewicht	18 t
zul. Zuggewicht	40 t

Gewichtsoptimierter Stralis im Tankzugeinsatz

Ein klassischer Einsatz für den Stralis Cursor 8 ist der Tanktransport auf Kurz- und Mittelstrecken. Hier wird um jedes Kilo Nutzlast gefeilscht, also muss der Lastzug möglichst leicht gebaut werden. Zum einen wird das mit leichten Motoren erreicht, zum anderen mit rahmenlosen, selbsttragenden Tanksattelaufliegern. Im wahren Wortsinn „zum Zug" kommen speziell auf den Silo- und Tanktransport abgestimmte Fahrzeuge, die natürlich auch mit entsprechendem Nebenabtrieb und Einrichtungen zum Entladen wie Pumpen und Kompressoren für Siloauflieger ausgerüstet sind.

Hauptaufgabe ist einerseits, Kraftstoffe von einer Raffinerie oder einem Zwischenlager zu Tankstellen und Großverbauchern zu bringen, Zement und ähnliche pulverförmige Baustoffe vom Zementwerk zu Betonwerken und auf Großbaustellen zu transportieren.

Bei Tankern für Mineralstoffe ist die Gefahrgutausrüstung in verschiedenen Klassen erforderlich, die beispielsweise beim Lebensmitteltransport entfällt. Hier kommen Milch-, Wein- und andere Flüssigkeits-Transporte in Frage.

STRALIS 4X2	
Motor	Cursor 8
Leistung	360 PS/265 kW
Drehmoment	1.100 Nm
Getriebe	12 Gänge/Eurotronic
Radstand	3.260–6.260 mm
Fahrerhaus	lang, niedrig
Gesamtgewicht	18 t
zul. Zuggewicht	40 t

Das Stralis-Spitzenmodell mit abgesetztem Frontgrill

Schon äußerlich mit dem mattverchromten Kühlergrill unterscheidet sich dieser Stralis von allen anderen – normal ausgestatteten – Stralis. Allerdings ist die Liste sinnvoller Ausstattungsdetails größer geworden. Mittlerweile hat die Serie den noch durch die Vorgänger begründeten schlechten Ruf der billigen Plastikausstattung in der Kabine abgelegt. Sinnvolle, von innen wie von außen zugängliche Staufächer, Kühlschrank und Elektroanschlüsse, beispielsweise für einen Fernseher in der Kabine, prädestinieren den Stralis zu mehrtägigen, auch internationalen Touren. Der Stralis als Fernverkehr-Sattelzugmaschine wird überwiegend mit dem Cursor-13-Motor ausgeliefert, mit

Cursor-10-Motoren stehen Leistungsstufen mit 420 und 450 PS aus sechs Zylindern zur Verfügung. Seit Sommer 2005 gibt es ihn mit SCR-Technik in Euro-4- und Euro-5-Technik.

Für Langstreckenläufe können Kraftstofftanks mit über 500 bis zu 900 Litern Inhalt eingebaut werden.

STRALIS 4X2	
Motor	Cursor 13
Leistung	480 PS/353 kW
Drehmoment	2.200 Nm
Getriebe	16 Gänge/Eurotronic
Radstand	3.650 und 3.800 mm
Fahrerhaus	lang, hoch
Gesamtgewicht	18 t
zul. Zuggewicht	40 t

Stralis im Mittelstreckeneinsatz auf der Landstraße

So wie hier sind viele Stralis im Fernverkehr ausgestattet. Mit einer Schiebe- oder Rollplane, die zur Be- und Entladung über die gesamte Länge des Aufliegers taugt, sind in den vergangenen 15 Jahren immer mehr Auflieger ausgerüstet. Damit ist das Aufplanen wesentlich einfacher geworden. Selbst temperaturgeführte Transporte lassen sich mit besonderen Planenversionen bei nicht allzu tiefer Temperatur realisieren.

Teilweise werden die Fahrzeuge im Wechselauffliegerbetrieb eingesetzt, dann tauschen die Sattelzugmaschinen die Auflieger am Be- und Entladeort in der Regel in festen Relationen aus. Das Umsatteln wird von der Luftfederung der Zugmaschine wesentlich begünstigt, ein wesentlicher Teil des Auf- und Abstützens wird mittels Luftfederung überflüssig.

STRALIS 4X2	
Motor	Cursor 13
Leistung	480 PS/352 kW
Drehmoment	2.200 Nm
Getriebe	12 Gänge/Eurotronic
Radstand	3.650 + 3.800 mm
Fahrerhaus	lang, hoch
Gesamtgewicht	18 t
zul. Zuggewicht	40 t

Mit untergesetztem Kühlaggregat: Stralis im schweren Verteilereinsatz

Den Iveco Stralis gibt es als Lastkraftwagen mit zwei und drei Achsen als 4x2-, 6x4- und 6x2-Version. Wahlweise gibt es das Fahrerhaus als:

• AD (Active Day): das hier abgebildete kurze Fahrerhaus,

• AT (Active Time): lange Kabine für nationalen Fernverkehr und

• AS Active Space: Großraumkabine für internationalen Fernverkehr. Wir bezeichnen die Kabinen als kurz, lang und Großraum.

Der hier abgebildete Stralis ist mit einem Isolierkoffer und Kühlaggregat zwischen den Achsen versehen. Mit der Motorleistung von 420 PS ist der Anhängerbetrieb uneingeschränkt sparsam. Im schweren Verteilerverkehr ist der Gliederzug flexibler als der Einsatz von großen Sattelzügen, da nur schwer erreichbare Lieferstellen solo angefahren werden. Zielorte mit viel Platz können dagegen mit der Ware aus dem Anhänger bedient werden.

STRALIS 4X2	
Motor	Cursor 10 R6
Leistung	420 PS/309 kW
Drehmoment	1.900 Nm
Getriebe	12 Gänge/Eurotronic
Radstand	3.800–6.700 mm
Fahrerhaus	kurz
Gesamtgewicht	18 t
zul. Zuggewicht	40 t

Für manche Verteileraufgaben werden 6x2-Solofahrzeuge eingesetzt, wie dieser Stralis.

Wie ein Gliederzug aufgeteilt wird – ob mit dreiachsigem Zugfahrzeug oder der selteneren Variante mit dreiachsigem Anhänger – ist einsatzabhängig. Der Dreiachs-Lkw bietet in Kombination mit dem zweiachsigen Anhänger den Vorteil von in der Regel gleich großen Ladegefäßen, unabdingbar für Lastzüge mit Wechselbrückenaufbau. Solo sieht man sowohl zwei- wie auch dreiachsige Fahrzeuge mit vorwiegend Kofferaufbauten, aber auch mit Pritsche-Plane-Kombinationen.

Selbst Tankzüge trifft man des öfteren, einerseits im Einsatz als Milchsammelzüge, andererseits werden sie zum Mineralöltransport genutzt, wobei diese garantiert kein Benzin, sondern nur Heizöl oder Dieselkraftstoff transportieren, da Ottokraftstoffe nicht vom Anhänger in den Zugwagen umgepumpt werden dürfen, eine zweite Pumpanlage am Anhänger jedoch unwirtschaftlich wäre.

STRALIS 6X2	
Motor	Cursor 10
Leistung	360/265 kW
Drehmoment	2.100 Nm
Getriebe	12 Gänge/Eurotronic
Radstand	3.080–6.050 mm
Fahrerhaus	Standard
Gesamtgewicht	26 t
zul. Zuggewicht	40 t

Umweltfreundlich als Programm: Stralis Euro 5

Mit der Einführung der neuen, leistungsmäßig leicht abweichenden Motoren aus dem Cursorprogramm mit SCR-Technik bereits im Jahr 2005 fährt Iveco mit seiner aktuellen Flotte an der Spitze europäischer Lastkraftwagen mit. Als erster führte der Hersteller die Verwendung des automatisierten ZF-Getriebes mit 16 und später zwölf Stufen ein, das mit marginalen Abweichungen dem Getriebe bei MAN (Tiptronic) und bei DAF (AS-tronic) entspricht. Wer manuell schalten will und ganz auf eine automatische Schaltung verzichtet, der bekommt eine servounterstützte Handschaltung.

Meist werden manuelle Schaltungen nur noch für Baufahrzeuge nachgefragt, die für den Einsatz im Gelände vorgesehen sind, weil hier für die Automatik schwer erfassbare Fahrzustände auftreten können.

STRALIS 4X2	
Motor	Cursor 10
Leistung	450 PS/332 kW
Drehmoment	2.100 Nm
Getriebe	12 Gänge/Eurotronic
Radstand	3.650 + 3.800 mm
Fahrerhaus	lang, hoch
Gesamtgewicht	18 t
zul. Zuggewicht	40 t

Iveco besitzt weltweit 36 Produktionsstandorte sowie 15 Forschungs- und Entwicklungsstellen. In Arbon am südlichen Bodenseeufer betreibt Iveco eine Motorenentwicklungsabteilung mit umfangreichen Labor- und Forschungseinrichtungen. Sie ging 1990 aus einer Arbeitsgemeinschaft namens Dereco von Saurer und Iveco hervor. Die Adolph Saurer AG war vormals der bedeutendste Schweizer Hersteller von schweren LKW. Von Saurer wurde Anfang der 80er-Jahre auch ein Großteil der Ingenieure übernommen. Heute arbeiten in Arbon knapp 200 Fachleute an effizienten, umweltverträglichen und dauerhaft haltbaren Verbrennungsmotoren.

Blick in den Schallmessraum: Bei der Iveco Motorenforschung AG entstehen Aggregate für Nutzfahrzeuge.

Im Jahr 1898 fusionierten die Maschinenbau-AG Nürnberg (1841 gegründet) und die Maschinenfabrik Augsburg AG (1840 gegründet) zur Vereinigten Maschinenfabrik Augsburg und Maschinenbaugesellschaft Nürnberg A.G., Augsburg. Zehn Jahre später erfolgte die Umbenennung in Maschinenfabrik Augsburg-Nürnberg AG, Augsburg. MAN gehört zu den deutschen Traditionsmarken für Nutzfahrzeuge. Zwischen dem Zweiten Weltkrieg und 1963 baute MAN auch Traktoren, vor allem mit Allradantrieb, die noch heute einen legendären Ruf besitzen.

Untrennbar ist der Name MAN auch mit Rudolf Diesel verbunden, der 1897 bei der damaligen Maschinenfabrik Augsburg den ersten funktionstüchtigen und nach ihm benannten Dieselmotor baute. Schon Mitte der 20er-Jahre des vergangenen Jahrhunderts arbeitete dann der Dieselmotor in Nutzfahrzeugen von MAN.

Heute wird mit Hauptsitz in München-Allach eine breite Palette von Lastkraftwagen hergestellt, teilweise läuft die Produktion im Verbund mit Werken unter anderem in Salzgitter-Watenstedt und in Österreich, in Steyr und in Wien.

Nach dem Jahr 2000 erschien die so genannte Trucknology Generation (TG). Die TG-Serie löste Zug um Zug die Serien F-, M- und L-2000 ab. Die strukturelle Aufteilung der Produktserien ist analog zu jenen anderer Hersteller. Mit den neuen Fahrerhäusern fiel das von Steyr aus deren Eigenständigkeit übernommene Fahrerhaus für L- und M-Modelle aus der Produktion, heute bietet MAN drei Grundtypen an, die es in mehreren Variationen gibt.

Neben den Fahrzeugserien hat MAN für die TG-Serie auch moderne Motoren in zwei Größen geschaffen, die das Spektrum von TGA weitgehend abdecken: die Reihen D 20 und D 26, das sind Sechszylinder-Motoren modernster Bauart mit für den Dieselmotorenbau noch relativ neuen Werkstoffen. MAN gehört zu der Gruppe von Nutzfahrzeugherstellern, die die Euro-4-Abgasstufe mit internem Motormanagement, also ohne SCR-Technologie bewältigen. Die D 20-Reihe reicht bis zu einer Leistung von 440 PS, oberhalb dieser Leistung wird der D 26 eingesetzt. MAN setzt auf Reihen-Sechszylinder. TGL und TGM werden mit hauseigenen Vier- und Sechs-Zylindermotoren bedient.

Eine für den Bau- und Kommunalsektor interessante Variante zur Erhöhung der Offroad-Tauglichkeit ist der HydroDrive-Antrieb, bei dem eine hydraulisch angetriebene Achse in eine der 4x2- oder 6x4-Varianten – beispielsweise bei Kippern – eingebaut wird. Jenseits der 580-PS-Marke stellt MAN in der österreichischen Konzernabteilung unter anderem vierachsige Schwerlastzugmaschinen her.

Der MAN TGA mit D20 Motor im Gelände

Die TGL-Baureihe ist bereits mit Hybridantrieb lieferbar.

Die leichte Abteilung bei MAN heißt TGL (Trucknology Generation Leicht). Dazu gehören Fahrzeuge ab 7,5 Tonnen bis zu zwölf Tonnen Gesamtgewicht. Es werden Vier- und Sechs-Zylindermotoren verbaut, die alle aktuellen Merkmale modernen Motorenbaus bieten. Die Fahrgestelle gibt es mit diversen Federungen und Federkombinationen: blattgefedert an Vorder- und Hinterachse, gemischt mit Blatt-/Luftfederung und vollluftgefedert. Bereits ab 7,5 Tonnen gibt es für die TGL-Serie auf Wunsch die TipMatic, die automatisierte Schaltung. Zunächst mit sechs Gangstufen, bei den höheren Tonnagen auch mit zwölf Schaltstufen. Gerade für den Kurzstreckenlieferverkehr

in dicht besiedelten Gebieten ist diese Schaltung eine gute Wahl. Das Fahrzeug wird weitgehend ab Werk für den Einsatz ausgestattet, sei es Verteilerverkehr, Baustelleneinsatz oder Möbeltransport.

MAN bot in der Vorgängerbaureihe LE 2000 speziell für den kommunalen Einsatz angereicherte Modelle mit acht oder zehn Tonnen Gesamtgewicht an. Mit unterschiedlichen PS-Leistungen, Allradantrieb und großer Einzelbereifung diente das Fahrgestell mit Aufbauten wie Kipper, Kran/Kipper oder mit Schneepflug und Streuautomaten kleinen Gemeinden als Einzelfahrzeug. Heute gibt es den Allradantrieb erst in der TGM-Baureihe ab 13 Tonnen.

Mautfrei kommt man mit dem größten TGL-Lkw als Zwölftonner über die Autobahn.

Der MAN 12.210 mit 206 PS rangiert als Solofahrzeug exakt unterhalb der Gewichtsklasse, für die man in Deutschland Autobahngebühren zahlen muss. Alternativ mit 240 PS, ist er eines der schweren Verteilerfahrzeuge. Die Baureihe TGL bietet als Baukastensystem den Zwölf-Tonner ebenso als Kipper wie als Fahrgestell für alle möglichen Sonderaufbauten an.

Am abgebildeten Fahrzeug ist die niedrige Ladekante gut zu erkennen, dennoch weisen die meisten Verteileraufbauten in dieser Größenklasse eine Ladebordwand am Heck auf. Hier sehen wir es mit einem Kofferaufbau. Der Spoiler auf dem Dach deutet auf gelegentliche Autobahnfahrten hin, die beidseitigen doppelten Spiegel sind im Nahverkehr, vor allem beim Rangieren, für die Sicherheit unerlässlich und mittlerweile gesetzlich vorgeschrieben. MAN hatte diese Sicherheits-Ausstattung aber bereits vor dem gesetzlichen Termin zur Vermeidung des „Toten Winkels" eingeführt.

TGL 12.210	
Motor	4-Zylinder ATL, LLK
Leistung	206 PS/151 kW
Drehmoment	830 Nm
Getriebe	12 Gänge, Tipmatic
Radstand	3.300–6.700 mm
Fahrerhaus	C, kurz
Gesamtgewicht	12 t
zul. Zuggewicht	24 t

Als Universalfahrzeug bei Feuerwehren beliebt ist die TGL-Doppelkabine.

Der TGL 8.210 mit Doppelkabine ab Werk ist sowohl mit Feuerwehr-spezialaufbauten als auch (wie abgebildet) mit Pritsche und Plane ein sehr geschätztes Katastrophenschutz- und Feuerwehrfahrzeug. Der Pritschenwagen wird meist mit diversen Spezialgeräten ausgerüstet und wird nur in den seltensten Fällen in voller Größe als reine Ladefläche zu allgemeinen Transportzwecken genutzt. Weitere Kunden für die Doppelkabine mit bis zu sieben Sitzplätzen inklusive Fahrer sind Energieunternehmen und Unternehmen im Wartungsdienst.

Das Fahrgestell/Fahrerhaus mit technisch acht Tonnen Gesamtgewicht gehört zu den Volumenprodukten fast eines jeden Nutzfahrzeugherstellers – entsprechend vielfältig ist das Angebot möglicher serienmäßiger Varianten. So gibt es auch bei MAN den Acht-Tonner mit Motoren von 180 bis 240 PS, mit allen Kabinen aus dem MAN-Programm und einer weiten Radstandspalette.

TGL 8.210	
Motor	4-Zylinder ATL, LLK
Leistung	206 PS/151 kW
Drehmoment	830 Nm
Getriebe	5, 6, 9 Gänge Tipmatic 6/12 Stufen
Radstand	3.300–6.700 mm
Fahrerhaus	Doppelkabine
Gesamtgewicht	8 t (7,5 t)
zul. Zuggewicht	15 t

Der kleine Kipper wird mit verschiedenen Motorstärken angeboten.

Der Lkw kann auch mit einem 180-PS-Vierzylinder oder auf der anderen Seite mit dem 240-PS-Motor ausgerüstet werden. Der TGL als leichter Kipper bringt es auf 2,5 bis drei Tonnen Nutzlast. Das ist im Schüttgutbereich bei den Baustoffen nicht viel, reicht jedoch für den Kleinmengentransport. Leider werden solche Fahrzeuge oft stark überladen, was man ihnen dann auch ansieht, denn die erlaubten drei Tonnen oder etwa 1,75 Kubikmeter Kies sind auf der Ladefläche kaum sichtbar. Dass man im Bau-, Garten- und Landschaftsbau am besten einen 7,5-Tonner einsetzt, hat mit der alten Einteilung der Führerscheinklassen zu tun: bis hierher galt der alte „Dreier", darüber musste es ein „Zweier" sein. Der niedrige, bequeme Einstieg stört nicht, solange kein schweres Gelände gefahren wird, was mit diesem Fahrzeug aber wohl auch selten geschieht.

Der gezeigte Kipper ist mit genormter Meiller-Dreiseitenkippbrücke versehen, die weitestgehend dem praktischen Einsatz gemäß ausgestattet ist. Die seitlichen Bordwände sind klappbar, die hintere pendelnd/abklappbar, die feste Stirnwand ist etwas erhöht.

TGL 8.180	
Motor	4-Zylinder ATL, LLK
Leistung	180 PS/132 kW
Drehmoment	700 Nm
Getriebe	5, 6, 9 Gänge Tipmatic 6/12 Stufen
Radstand	3.050–3.600 mm
Fahrerhaus	C, kurz
Gesamtgewicht	8 t (7,5 t)
zul. Zuggewicht	18 t

C-Design.

Maße: 1.620 mm lang, 2.240 mm breit,

Beifahrer-Doppelsitze auf Wunsch.

M-Design.

Maße: 1.880 mm lang, 2.240 mm breit.

L-Design.

Maße: 2.280 mm lang, 2.240 mm breit, ein Bett.

LX-Design.

Maße: 2.280 mm lang, 2.240 mm hoch.

XL-Design.

Maße: 2.280 mm lang, 2.440 mm breit, ein Bett.

XLX-Design.

Maße: 2.280 mm lang, 2.440 mm breit, ein Bett,

zweites Bett auf Wunsch.

XXL-Design.

Maße: 2.280 mm lang, 2.440 mm breit,

Hochdach, ein Bett, zweites Bett auf Wunsch.

Die zahlreichen Fahrerhausvarianten von MAN

lassen keine Wünsche offen.

Den TGM gibt es für den schweren Verteilerverkehr als 18-Tonner mit 280 PS.

Als letzte Baureihe im Programm wurde die Mittelklasse erneuert. Sie reicht von 12 bis 26 Tonnen Gesamtgewicht. Damit knüpft sie nahtlos an die TGL-Serie an und überschneidet sich ab 18 Tonnen mit der schwereren TGA-Serie, die sich jedoch in mehreren Punkten deutlich von der TGM-Serie unterscheidet.

Mit der Markteinführung verschwand auch das Steyr-Fahrerhaus ganz aus dem MAN-Programm. Einheitlich im Auftritt mit einer sofort wieder erkennbaren Fahrerkabine tritt nun das gesamte MAN-Nutzfahrzeugeprogramm auf. Die Kabinen haben viele gleiche Bauteile, unterscheiden sich aber in der Breite.

Die TGM-Reihe wird durchweg von Reihensechszylindermotoren angetrieben, mit Motorleistungen von 240 bis 326 PS. Die Reihe ist sowohl für den Nahverkehr wie auch für den Baustellenverkehr bis hin zum nutzlastoptimierten Solo-Dreiachser und dem leichten Fernverkehr beispielsweise mit voluminösen, leichten Gütern konzipiert. Entsprechend breit ist das Ausstattungsangebot.

Für spezielle Fälle wird der TGM als Dreiachser mit bis zu 326 PS (229 kW) gebaut. In Großbritannien beispielsweise als 6x4 mit Hinterkippaufbau. Damit erreicht man eine sehr hohe Nutzlast die im speziellen Fall etwa 16 Tonnen bei 26 Tonnen Gesamtgewicht beträgt. Möglich ist auch ein Fahrmischeraufbau. Auf alle Fälle bringt in diesen Fällen der Verzicht auf Anhängerbetrieb gegenüber dem TGA gleichen Gesamtgewichts mehrere Tonnen an Nutzlastgewinn.

Basis für ein universelles Kommunalfahrzeug ist der TGM 4x4 mit 13 Tonnen Gesamtgewicht.

Das hier gezeigte relativ kurze Fahrgestell des 13-Tonnen-Allradfahrzeugs aus der TGM-Serie ist entweder für einen Spezialaufbau oder für den Einsatz mit Dreiseitenkipper vorgesehen. Das Fahrzeug gibt es auch mit großer Einzelbereifung rundum. Es wird mit Kran und Kipper sowie mit Winterausrüstung gerne von kommunalen Einrichtungen und im Straßenbau eingesetzt. In der letzbeschriebenen Form ist die Nutzlast aber nicht allzu üppig. Überwiegend werden solche Fahrzeuge solo eingesetzt, oder mit leichten Ein- und Tandem-Achsanhängern. Wahlweise bietet MAN das Fahrzeug auch mit Doppelkabine an.

Der Bereich von Allradfahrzeugen zwischen zwölf und 14 Tonnen Gesamtgewicht ist hart umkämpft und wird von mehreren Herstellern mit Fahrzeugen abgedeckt. Bei 14 Tonnen liegt die normale Grenze für die Einzelbereifung aufgrund der Tragfähigkeit der meisten entsprechenden Reifen. Pneus mit mehr Einzeltragfähigkeit sind zwar erhältlich, für sie muss man jedoch deutlich mehr investieren.

TGM 13.240 4X4	
Motor	6-Zylinder ATL, LLK
Leistung	240 PS/176 kW
Drehmoment	925 Nm
Getriebe	9 Gänge Tipmatic 12 Stufen
Radstand	3.250–4.250 mm
Fahrerhaus	C, kurz
Gesamtgewicht	13 t
zul. Zuggewicht	30 t

Der 15-Tonner ist auf Wunsch vollluftgefedert zu haben.

In dieser Form gehört der TGM zu den Brot- und Butter-Autos des Lieferverkehrs. Dass „nur" mit 15 anstatt mit 18 Tonnen Gesamtgewicht gefahren wird, mag an den Touren, der maximalen Auslastung oder der heimischen Werkseinfahrt liegen. Klassisch ist die Ladebordwand am Heck. In Verbindung mit einem deichselgeführten

TGM 15.240	
Motor	6-Zylinder ATL, LLK
Leistung	240 PS/176 kW
Drehmoment	925 Nm
Getriebe	9 Gänge Tipmatic 12 Stufen
Radstand	3.525–5.475 mm
Fahrerhaus	C, kurz
Gesamtgewicht	15 t
zul. Zuggewicht	30 t

Stapler, „Ameise" genannt, erleichtert sie dem Fahrer vor allem die Entladung bei den zahlreichen Empfängern einer Tour. Der für die Unterbringung der Ladung erforderliche, relativ lange Radstand schränkt die Wendigkeit des überwiegend solo eingesetzten Fahrzeugs etwas ein, weswegen manche Firmen leichte Sattelzüge mit 20 bis 25 Tonnen Gesamtgewicht als Alternative einsetzen. Die Auflieger sind hierbei einachsig und zwangsgelenkt, womit eine hohe Wendigkeit erreicht wird.

Da die Fahrzeuge überwiegend nur mit einem Fahrer, also ohne Beifahrer besetzt sind und täglich an ihren Standort zurückkehren, ist das kurze C-Fahrerhaus völlig ausreichend.

Für den Allroundbetrieb: der TGM als 18-Tonnen-Kipper

Der 18.280 TGM mit Dreiseitenkippaufbau gehört einerseits zu den schweren Solofahrzeugen auf dem Markt, andererseits verträgt er gelegentlich auch einen Anhänger bis 18 Tonnen Gesamtgewicht. In der Praxis sind das beispielsweise zweiachsige Universaltieflader oder Asphaltkocher, vielleicht auch mal ein Kippanhänger, wenn im Massenschüttgut-Umschlag Not am Mann ist. Der Kipper wird gerne auch in Kombination mit einem Ladekran aufgebaut. Auf Wunsch gibt es den TGM auch mit angetriebener Vorderachse als 4x4. Auf dem Bild ist ein standardisierter Meiller-Kipper aufgebaut, in dieser Form kann das Fahrzeug komplett ab Werk geliefert werden.

Die Gruppe der mit mittelstarken Motoren ausgerüsteten 18-Tonner ist im Baubereich groß. Als Kran-Kipper werden sie oft von selbstfahrenden Unternehmern betrieben, die einschlägige Bau-Erfahrung haben und die meisten Einsatzfälle auf kleinen und großen Baustellen abdecken müssen.

TGM 18.280	
Motor	6-Zylinder ATL, LLK
Leistung	280 PS/206 kW
Drehmoment	1.100 Nm
Getriebe	9 Gänge Tipmatic 12 Stufen
Radstand	3.575–3.875 mm
Fahrerhaus	C, kurz
Gesamtgewicht	18
zul. Zuggewicht	36 t

Mittels hydraulisch angetriebener Vorderachse wird die normale Sattelzugmaschine zum 4x4H.

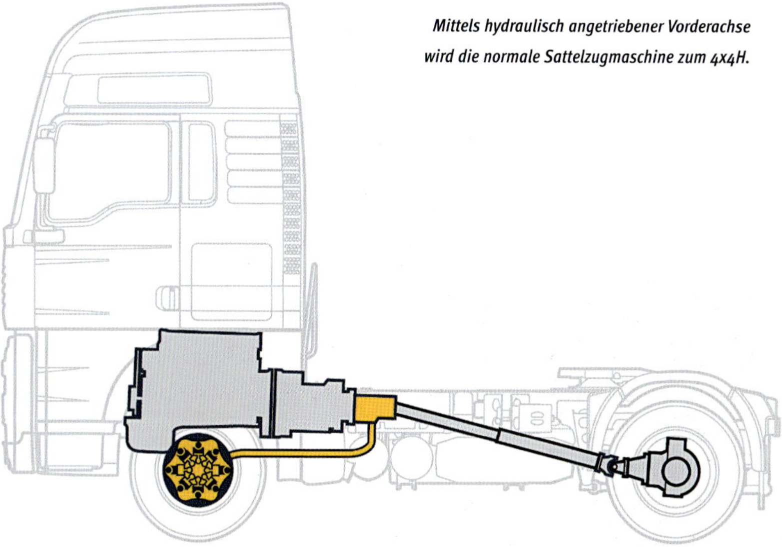

Die Königsklasse bei MAN von 18 bis 32 Tonnen beziehungsweise 40 Tonnen Gesamtzuggewicht wurde als erste präsentiert, als die FE-2000er-Reihe zur Ablösung anstand. Eigentlich müsste sie TGS heißen, aber damals sollte das Typenschema TGA, TGB und TGC als Basisbezeichnung mit sich führen.

Gegenüber den Vorgängermodellen steckt in den Trucknologie-Fahrzeugen rundum eine neue Fahrzeugkonstruktion, die weitgehend der rationellen und damit preisgünstigen Serienfertigung entspringt. Seit dem Jahr 2000 wurde die TGA-Serie bereits umfassend weiter entwickelt. Einschneidend waren beispielsweise die neuen Motorserien D20 und D26, hochmoderne Reihensechszylinder in den gängigen PS-Leistungsklassen. Sie sind unter anderem verbrauchsoptimiert und werden mit Euro-4- und Euro-5-Abgasnorm angeboten.

Die TGA-Reihe wird in zahlreichen Varianten bereits mit nicht markenspezifischen Komponenten wie beispielsweise dem HydroDrive angeboten. Hierbei handelt es sich um eine hydraulisch angetriebene Radnabe zusätzlich zu den klassischen Antriebsachsen. Die Motoren gibt es mit einem sogenannten Pritarder, einer an der Front des Motorblocks angebrachten Zusatzbremse, deren Arbeitsmedium Wasser ist. Die nur 30 Kilogramm schwere Bremse bietet eine Leistung von bis zu 600 Kilowatt und trägt erstens natürlich zur Sicherheit bei, zum anderen aber kann damit die Transportgeschwindigkeit auf gefällereichen Strecken erhöht werden.

Überbreite Einzelbereifung an der Hinterachse

HydroDrive

Oft ist in der Praxis die Traktion mit einer oder zwei Antriebsachsen nicht ausreichend: Das Fahrzeug steckt fest. Ob das der Fernverkehrszug auf der verschneiten Autobahn ist, das Milchsammelfahrzeug oder der Kipper, der eine etwas schwierigere Baustelle antrifft: In all diesen Fällen lohnt sich kein Allradwagen mit mechanischer Antriebsachse. Hierfür bietet sich für TGA-Fahrzeuge mit D-20-Motoren der HydroDrive an. Die Radnaben beherbergen auf beiden Seiten einen hydraulischen Motor, die beiden Einheiten werden mittels Hydraulikpumpe im Antriebsstrang hinter dem Getriebe bewegt. Mittels Drehknopf am Armaturenbrett wird der Antrieb aktiviert, jenseits einer Geschwindigkeit von 30 Stundenkilometern schaltet er sich aber selbsttätig wieder aus.

HydroDrive spart gegenüber mechanischen Antriebsachsen mehrere Kilogramm an Gewicht ein, die Bauhöhe des Lkw oder der Sattelzugmaschine wird nicht erhöht. Und der hydraulische Zusatzantrieb kann in alle Achsen eingebaut werden – sieht man von der mechanisch angetriebenen Standardachse (Hinterachse mit Zwillingsbereifung) einmal ab.

Neue Reifenformen

Immer schon wurde mit alternativen Reifenformen experimentiert, wobei Lkw-Hersteller und Reifenindustrie gleichgelagerte Interessen bündeln – MAN arbeitet mit Michelin zusammen. Auf Wunsch gibt es breite Einzelreifen für Sattelzugmaschinen-Hinterachsen. Man verspricht sich unter anderem geringeren Kraftstoffverbrauch gegenüber der zwillingsbereiften Achse und höheren Lauf- und Fahrkomfort.

Voraussetzungen sind eine gut funktionierende Service-Infrastruktur der Reifenbranche und dass die Reifen bei starkem Luftverlust gewisse Notlaufeigenschaften garantieren.

Dieser Sattelzug mit kleiner Bereifung ist mit besonders viel Laderaum bestückt.

Oberhalb von 440 PS wird in die TGA-Reihe der brandneue Motor D 26 eingebaut, hier mit 480 PS, alternativ stehen 540 PS in der Euro-5-Version zur Verfügung. Das Gros der Sattelzugmaschinen dieser PS-Klasse geht in den Fernverkehr, wobei MAN drei Kabinenvarianten anbietet: XXL (Groß-raumkabine), XLX (mittelgroße, lange Variante) und LX (lange Variante, aber mit nur 2,24 Metern Breite). Hinzu kommen Nahverkehrskabinen. Für die Fahrerhäuser gibt es zahlreiche Zusatzausstattungen vom Spezial-Komfortsitz bis zum Kühlschrank.

In der Regel werden die Fernverkehrsfahrzeuge mit TipMatic geordert, einer automatisierten Schaltung auf einem modernen ZF-Getriebe. Daneben gibt es auch eine Komfortschaltung, die sich mit wenig Kraftaufwand schalten lässt. Bei Schaltvorgängen während der Fahrt kann mit einem kleinen Druckknopf am Schalthebel gekuppelt werden, der Tritt auf das Kupplungspedal wird so überflüssig.

TGA 18.480	
Motor	6-Zylinder ATL, LLK
Leistung	480 PS/353 kW
Drehmoment	2.300 Nm
Getriebe	12 Gänge, Tipmatic 12 Stufen
Radstand	3.600–3.900 mm
Fahrerhaus	LX, schmal, mittelhoch
Gesamtgewicht	18 t
zul. Zuggewicht	40 t

Im Kipperbetrieb ungewöhnlich ist die Zugmaschine mit zwei gelenkten Achsen.

Dieser Kippsattelzug mit zweiachsigem Auflieger von Schmitz-Gotha weist die relativ seltene Sattelzugmaschine mit der Achsformel 6x2/4 auf, das heißt eine Antriebsachse und zwei gelenkte, nicht angetriebene Achsen. Im Normalfall werden diese Fahrzeuge oft im Fernverkehr nach Großbritannien eingesetzt, weil sie den dortigen nationalen Vorschriften für 40 Tonnen Zuggewicht genügen. Im Schüttgutverkehr ist diese Konstellation ungewöhnlich, sinnvoll wäre sie mit HydroDrive-Antrieb in der Vorderachse, um auch auf Baustellen Traktion zu gewährleisten. Auch der Einsatz der Zugmaschine im Wechselbetrieb mit einem Tieflade-Sattelauflieger ist möglich.

Das große Fahrerhaus ist zwar im Kipperbetrieb nicht unbedingt erforderlich, bei den Fahrern jedoch beliebt. Im Zuge der Modellpflege und der generellen Umstellung auf die Abgasstufe Euro 4 (als Minimum) wurden die Motorleistungen der D-20-Motoren geringfügig angehoben. Mittlerweile ersetzte der 440-PS-Motor den 430-PS-Motor.

TGA 26.430	
Motor	6-Zylinder ATL, LLK
Leistung	430 PS/316 kW
Drehmoment	2.100 Nm
Getriebe	12 Gänge, Tipmatic 12 Stufen
Radstand	2.600 mm
Fahrerhaus	XLX, breit, mittelhoch
Gesamtgewicht	26 t
zul. Zuggewicht	40 t

Die gelenkte Hinterachse dieses MAN TGA 26.430 erhöht seine Wendigkeit.

In der TGA-Linie darf der klassische Dreiseitenkipper mit 26 Tonnen Gesamtgewicht natürlich nicht fehlen. Das Fahrzeug gibt es mit und ohne Allradantrieb sowie mit HydroDrive-Vorderachse. Andere Achs- und Antriebskombinationen bietet MAN gegenüber seinen Wettbewerbern in ausgeprägtem Maße an, beispielsweise einzelbereifte, angetriebene und gelenkte dritte Achsen (6x4/4). Den Dreiachser findet man sowohl im harten Einsatz als Solofahrzeug, als auch mit zweiachsigem Anhänger im 40-Tonnen-Zug, meist als Tandem-Achs-Kippanhänger. Genügend stark motorisiert, eignet er sich außerdem als Zugmittel für Anhänger-Tieflader, dann auch mit Sondergenehmigung und bis gut 60 Tonnen Zuggesamtgewicht, beispielsweise einem Vierachser mit 40 Tonnen zulässigem Gesamtgewicht und auf 20 Tonnen ausgelastetem Dreiachser.

TGA 26.430	
Motor	6-Zylinder ATL, LLK
Leistung	430 PS/316 kW
Drehmoment	2.100 Nm
Getriebe	12 Gänge, Tipmatic 12 Stufen
Radstand	3.200–3.900 mm
Fahrerhaus	M, kurz
Gesamtgewicht	26 t
zul. Zuggewicht	40 t

Wechselbrückenzug, hier mit Zentralanhänger

Der Wechselbrückenverkehr mit genormten Wechselbrücken als Pritschen-, Koffer- und anderen Aufbauten ist seit etwa 30 Jahren ein boomender Bereich des Güterverkehrs. Vor allem der Gliederzug wird zunehmend als WAB-Kombination angetroffen, eher selten ist der klassische Pritschenzug mit Pritsche und Plane anzutreffen. Als Fahrgestell, vollluftgefedert und mit einem Rahmen für die Aufnahme von Wechselbrücken versehen, übernimmt ein solcher Dreiachser mit 6x2-Achskonfiguration die Verteilung in der Fläche, von Containerbahnhöfen ausgehend, und auch den Warenumschlag von Stützpunkt zu Stützpunkt. Die Motorleistungen dieser Fahrzeuge liegen durchweg über 400 PS, das Fahrgestell ist vollluftgedert und damit bei der Aufnahme und dem Abstellen der Behälter auf den mitgeführten Stützen völlig autark.

In Kombination mit einer zweiachsigen, ebenfalls vollluftgefederten Anhängerlafette ist der Zug ein fast alltägliches Erscheinungsbild. Die Abbildung zeigt eine Kombination mit Zentralachs-Anhänger und abgestelltem Koffer am Zugwagen.

TGA 26.440	
Motor	6-Zylinder ATL, LLK
Leistung	440 PS/323 kW
Drehmoment	2.100 Nm
Getriebe	12 Gänge, Tipmatic 12 Stufen
Radstand	3.900–5.900 mm
Fahrerhaus	XLX, breit, mittelhoch
Gesamtgewicht	26 t
zul. Zuggewicht	40 t

Das niedrig angebrachte Fahrerhaus vor der Vorderachse findet im Kommunalbetrieb Anwendung.

Wie auch die anderen namhaften LKW-Hersteller bietet MAN ein Low Entry-Fahrgestell mit drei Achsen. Das für die kommunale Entsorgung im Müllsammelverkehr bestimmte Fahrzeug hat eine vor der Vorderachse platzierte Kabine mit niedrigem, breitem Einstieg und Falttür rechts. Fahrer und drei Beifahrer finden darin bequem Platz.

Der Motor ist über der Vorderachse dahinter eingebaut, anschließend bietet der ebene Rahmen Platz für diverse Sonderaufbauten sowie unterschiedliche Müllsammelaufbauten. Das Fahrzeug ist auch wegen eingeschränkter Durchfahrtshöhen im Innenstadtbereich niedrig konzipiert. In den Low-Entry-Fahrzeugen versehen D-20-Motoren ihren Dienst. Konzeptionell ist der Betrieb mit Anhänger nicht vorgesehen. Eine gelenkte Achse an dritter Position erhöht die Wendigkeit des Fahrzeugs ungemein (6x2/4).

TGA 26.400 LowEntry	
Motor	6-Zylinder ATL, LLK
Leistung	400 PS/294 kW
Drehmoment	1.900 Nm
Getriebe	12 Gänge, Tipmatic 12 Stufen
Radstand	3.600–4.500 mm
Fahrerhaus	LowEntry
Gesamtgewicht	26 t
zul. Zuggewicht	-

Das MAN-Spitzenmodell TGA 5 Star mit Euro-5-Motor

Der „5 Star" stellt mit 480 oder 540 PS Motorleistung das Spitzenmodell von MAN für den internationalen Güterfernverkehr dar. Mit nahezu allen verfügbaren Extras ist die Sattelzugmaschine bestückt, wobei zum Beispiel das Multifunktionslenkrad besonders hervorsticht. Chromleisten schmücken die Front, unter der Hütte arbeitet ein Reihensechszylindermotor. Das Aggregat entspricht dank SCR-Technik der Euro-5-Abgasstufe.

Natürlich lässt sich, abgesehen von der eventuell höheren Durchschnittsgeschwindigkeit auf Langstrecken, nicht mehr oder weniger Ladung als mit einem schwächeren 40-Tonner bewältigen. Als Imageträger und Vorzeigefahrzeug für einen Fuhrpark und damit für das Transportunternehmen eignet sich das MAN-Oberklassemodell jedoch bestens.

TGA 18.480	
Motor	6-Zylinder ATL, LLK
Leistung	480 PS/353 kW
Drehmoment	2.300 Nm
Getriebe	12 Gänge, Tipmatic 12 Stufen
Radstand	3.600–3.900 mm
Fahrerhaus	XXL, breit, lang, hoch
Gesamtgewicht	18 t
zul. Zuggewicht	40 t

Mit gewichtsoptimierten Sattelzugmaschinen lassen sich recht voluminöse Tankauflieger ziehen.

Für bestimmte Branchen hält MAN speziell abgestimmte Fahrzeuge bereit. Beispielsweise für den Betrieb im Tank- und Silobereich werden Sattelzugmaschinen mit besonders niedrigem Eigengewicht gebaut. Sie sind mit dem D-20-Motor ausgerüstet, der 360–440 PS leistet, und wiegen einsatzbereit inklusive eventueller Entleerungsaggregate wie dem Kompressor im Silozug weniger als 6,5 Tonnen. Kombiniert mit einem leichten Silo- oder Tankauflieger bleiben sie deutlich unter zwölf Tonnen Leergewicht des Lastzuges und bieten so über 28 Tonnen Nutzlast.

Sie haben eine Einblattfeder an der Vorderachse und sind nur mit den schmalen Fahrerhäusern M, L und LX erhältlich. Für den Fahrer bedeutet das jedoch keine Abstriche bei Komfort, Raumangebot und Sicherheit. Sein Platz ist ein luftgefederter Komfortsitz mit Lendenwirbelstütze, Schulteranpassung, Heizung und einem Multifunktionslederlenkrad.

TGA 18.400	
Motor	6-Zylinder ATL, LLK
Leistung	400 PS/294 kW
Drehmoment	1.900 Nm
Getriebe	12 Gänge, Tipmatic 12 Stufen
Radstand	3.600–3.900 mm
Fahrerhaus	LX, schmal, lang, hoch
Gesamtgewicht	18 t
zul. Zuggewicht	40 t

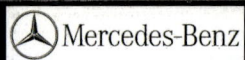

*Das Actros-Spitzenmodell
leistet 600 PS.*

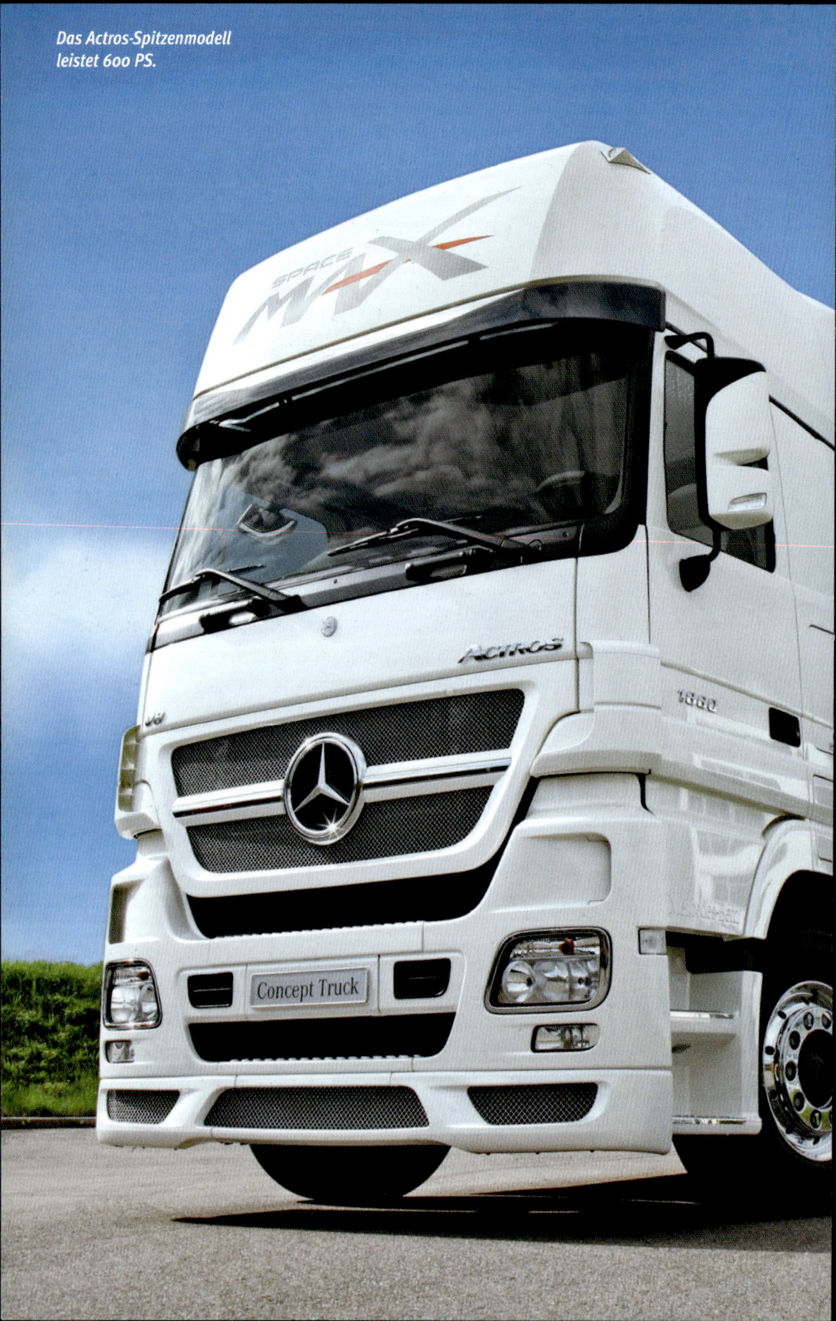

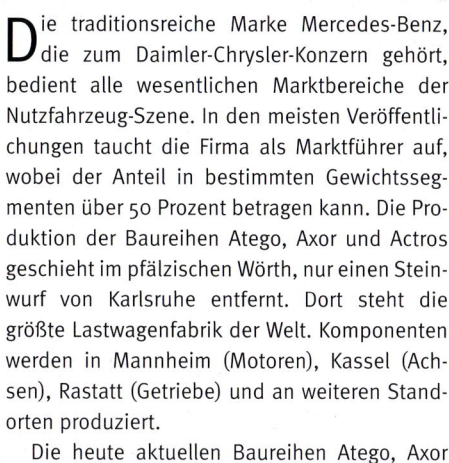

Die traditionsreiche Marke Mercedes-Benz, die zum Daimler-Chrysler-Konzern gehört, bedient alle wesentlichen Marktbereiche der Nutzfahrzeug-Szene. In den meisten Veröffentlichungen taucht die Firma als Marktführer auf, wobei der Anteil in bestimmten Gewichtssegmenten über 50 Prozent betragen kann. Die Produktion der Baureihen Atego, Axor und Actros geschieht im pfälzischen Wörth, nur einen Steinwurf von Karlsruhe entfernt. Dort steht die größte Lastwagenfabrik der Welt. Komponenten werden in Mannheim (Motoren), Kassel (Achsen), Rastatt (Getriebe) und an weiteren Standorten produziert.

Die heute aktuellen Baureihen Atego, Axor und Actros haben Zug um Zug die sogenannte „Leichte Klasse" (LK), „Mittlere Klasse" (MK) und „Schwere Klasse" (SK) aus den 90er-Jahren abgelöst. Dabei werden die Fahrzeuge bei den Sicherheitselementen, dem Antriebsstrang und auch bei den Motoren ständig verbessert.

Atego

Die leichte Baureihe startet mit 6,5 Tonnen Gesamtgewicht und einem Vier-Zylindermotor mit 122 PS und endet bei 15 Tonnen Gesamtgewicht und einem Reihensechszylinder mit 279 PS. Verbaut werden Getriebe mit sechs und neun Schaltstufen. Es handelt sich grundsätzlich um Zweiachser mit verschiedenen Rahmenlängen und Radständen. Dreiachsige Varianten des Atego, zum Beispiel im Getränketransportbereich, sind nachträglich mit der dritten Achse ausgerüstet worden. Der Atego wird sowohl mit Hinterrad-, als auch mit Allradantrieb geliefert. Zahlreiche Aufbauvarianten werden in Zusammenarbeit mit deren Herstellern standardmäßig ab Werk ausgeliefert (Kipper-, Pritschen- und Kofferaufbauten).

Der mautfreie Atego hat zwölf Tonnen Gesamtgewicht.

Der Zwölf-Tonner wird mit einem 150- oder 177-PS-Vierzylinder-Motor oder mit einem 279-PS-Sechszylinder-Motor angeboten. Er bietet eine hohe Nutzlast und fällt mit seinem Gesamtgewicht von zwölf Tonnen noch nicht unter die Mautpflicht. Die beiden Sechszylinder eignen sich auch für den Anhängerbetrieb. Mit geringfügigen Leistungsänderungen werden die Fahrzeuge auch mit BlueTec 4 (Euro 4) ausgeliefert. Für den Atego sind neben dem Standard-Fahrerhaus ein leicht verlängertes, ein langes Fahrerhaus und ein langes Fahrerhaus mit Hochdach lieferbar. An den angebo-

tenen Motorleistungen sieht man, wie diese im Laufe der Jahre verstärkt wurden. Derselben Gewichtsklasse wurden vor etwa 30 Jahren im Regelfall noch 100 PS weniger spendiert.

ATEGO 1223	
Motor	OM 906 LA
Leistung	231 PS/170 kW
Drehmoment	810 Nm
Getriebe	6 oder 9 Gänge
Radstand	3.260–6.260 mm
Fahrerhaus	Standard
Gesamtgewicht	12 t
zul. Zuggewicht	21 t

Größter Atego ist der 1523 mit 15 Tonnen Gesamtgewicht.

Neben der Motorisierung mit dem Sechszylinder bietet Mercedes-Benz einen Vierzylinder mit 177 Kilowatt und den starken Sechszylinder mit 279 PS im 15-Tonner an. Ersterer dürfte sich nicht für den Anhängerbetrieb eignen. Das Fahrzeug ist auch mit Euro-4-Motoren bei geringer Leistungsänderung erhältlich, und als Möbeltransporter sehr beliebt.

Bis in die 70er-Jahre hatten die für den Umzugsverkehr in der selben Größenklasse gedachten Fahrzeuge noch feste Frontlenkerkabinen, die in den Kastenaufbau einbezogen waren. Sie wurden standardisiert aufgebaut von Kässbohrer/Ulm, Ackermann/Wuppertal und anderen und waren in der Regel mit mehr als drei Sitzplätzen versehen.

ATEGO 1523	
Motor	OM 906 LA
Leistung	231 PS/170 kW
Drehmoment	810 Nm
Getriebe	6 oder 9 Gänge
Radstand	3.260–6.260 mm
Fahrerhaus	lang/hoch
Gesamtgewicht	15 t
zul. Zuggewicht	28 t

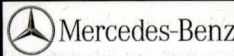
Als mobile Arbeitsbühne genügen dem Atego 150 PS aus vier Zylindern.

Der zweitkleinste Atego mit 7,5 Tonnen Gesamtgewicht gehört in die leichte „Brot-und-Butter-Klasse" auf deutschen Straßen, weil er noch mit dem alten Führerschein der Klasse 3 gefahren werden kann, das entspricht heute der Klasse 1C (über 3,5 bis 12 Tonnen Gesamtgewicht). Neben Standardaufbauten findet das Fahrgestell Anwendung bei vielen Spezialeinsätzen wie hier einer Teleskopleiter mit Arbeitsplattform. Dabei kann fast die ganze Nutzlast für den Spezialaufbau verwendet werden, lediglich für etwas Werkzeug und auch für die Ersatzteile

beim Arbeitseinsatz sollten genügend Reserven bleiben. Ein Anhängerbetrieb ist eher selten. Weitere Motorvarianten beim 7,5-Tonner sind Vierzylinder mit 122 oder 177 PS.

ATEGO 815	
Motor	OM 904 LA
Leistung	150 PS/110 kW
Drehmoment	580 Nm
Getriebe	6 Gänge
Radstand	3.020–4820 mm
Fahrerhaus	Standard
Gesamtgewicht	7,49 t
zul. Zuggewicht	13 t

Der Kran-Kipper ist universell einsetzbar, hat jedoch wenig Nutzlast.

Für einen Kran-Kipper, auch Selbstlader genannt, ist beim 7,5-Tonner die Nutzlast nicht mehr ausreichend. Man greift auf das 9,5-Tonnen-Fahrgestell zurück. Auch der Radstand ist beim Atego dieser Größe festgelegt. Die Firma Meiller-Kipper bietet hierfür einen speziellen Kran-Kipper-Aufbau mit bereits für die Kranmontage vorbereitetem Hilfsrahmen an. Das Fahrzeug ist auch mit Allradantrieb sowie mit 150 und 231 PS Motorleistung erhältlich.

Vor langer Zeit deckte dieser Tonnagebereich den Bedarf vieler Erdbauunternehmen und Baufirmen bei Kippfahrzeugen ab. Zeugen dieser Zeit sind die ersten Rundhaubenfahrzeuge mit und ohne Allradantrieb, etwa der LK/LAK 322, der 323 und der 328.

ATEGO 918	
Motor	OM 904 LA
Leistung	177 PS/130 kW
Drehmoment	675 Nm
Getriebe	6 Gänge
Radstand	3.320 mm
Fahrerhaus	Standard
Gesamtgewicht	7,5 t
zul. Zuggewicht	21 t

Für den Kommunalbetrieb mit Winterdienst ist der 1023 vorgesehen.

Der Typ 1023 4x4 ist vor allem bei Kommunalbetrieben ein beliebtes Fahrzeug. Er wird gerne mit Einzelbereifung rundum bestellt, weil sich damit die Geländetüchtigkeit zusätzlich erhöht. Die Nutzlast ist für diese Betriebe ausreichend, und der 1023 Allradkipper ist darüber hinaus überaus wendig. Mit einer bei Meiller angebotenen Kommunalhydraulik und einer Frontanbauplatte ist der Atego für den Winterdienst komplett ausgerüstet. Das Fahrzeug tritt keinesfalls als Konkurrenz zum Unimog auf, der eher als Geräteträger und Zugmaschine eingesetzt wird. Frontlenker in dieser Tonnagegruppe gibt es noch nicht durchgehend in der Nachkriegsproduktion von Mercedes-Benz.

ATEGO 1023 4X4	
Motor	OM 906 LA
Leistung	231PS/170 kW
Drehmoment	810 Nm
Getriebe	6 Gänge
Radstand	3.360 mm
Fahrerhaus	Standard
Gesamtgewicht	10,5 t
zul. Zuggewicht	21 t

Atego mit Feuerwehr-Drehleiter von Metz

Auch die Feuerwehren greifen gerne auf den Atego zurück. Hier ist eine vollhydraulische Drehleiter auf den Atego 1528, dem größten verfügbaren Modell, aufgebaut. Obwohl Drehleitern nicht für den Anhängerbetrieb vorgesehen sind, werden bei der Feuerwehr starke Motoren geordert, um schnell am Einsatzort sein zu kön-

ATEGO 1528	
Motor	OM 906 LA
Leistung	279 PS/205 kW
Drehmoment	1.100 Nm
Getriebe	9 Gänge
Radstand	3.260–5.260 mm
Fahrerhaus	Standard
zul. Gesamtgewicht	15 t

nen. Den 15-Tonner gibt es auch mit 177 und mit 231 PS. Bei anderen Einsätzen beträgt das maximale Gesamtzuggewicht je nach Motorleistung bis zu 34 Tonnen. Neben Atego-Fahrgestellen werden moderne Feuerwehrdrehleitern gerne auch auf der Basis des Mercedes Econic (siehe Seite 102) aufgebaut.

Während früher die Leitern mit Handkraft, später mit mechanischem Antrieb ausgefahren werden mussten, sind die Spezialgeräte heute stets vollhydraulisch angetrieben. Mit dem stehend montierten Korb erreicht man eine Einsatzhöhe von rund 32 Metern. Das knapp zehn Meter lange Fahrzeug hat einen Wendekreis von 17,8 Metern.

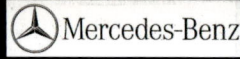
Die Mercedes-Serie mit dem Namen Axor deckt die mittlere und schwere Gewichtsklasse ab. Damit wird sowohl der schwere Verteilerverkehr als auch der Bedarf der Bauindustrie abgedeckt. Der Axor zeichnet sich gegenüber dem Actros vielfach durch ein geringeres Leergewicht aus. Auch weist er bei gleicher Motorleistung ausschließlich Reihensechszylinder-Motoren auf. Diese stammen in ihrer Grundkonzeption von Mercedes-Benz do Brasil, wo sie auch in Fahrzeugen in Haubenbauweise eingebaut werden. Ursprünglich wurde der Axor nur als Sattelzugmaschine mit 18 Tonnen Gesamtgewicht und 354, 401 und 430 PS als 1835 S, 1840 S und 1843 S auf den deutschen beziehungsweise den europäischen Markt gebracht. Mit einem Leergewicht von weniger als sieben Tonnen war vor allem der Einsatz im Silo- und Tanktransport und dem Schüttguttransport auf der Straße im Visier der Verkaufsabteilung. Erst mit der gesamten Neuordnung des Spektrums mit Atego, Axor und Actros kamen Fahrgestelle mit zwei, drei und vier Achsen hinzu, desweiteren werden jetzt Motoren ab 279 bis 428 PS mit jetzt fünf Leistungsstufen angeboten.

Der Axor vereint sowohl Elemente des Atego (adaptiertes Fahrerhaus), als auch des Actros (Fahrgestell, Getriebe). Nicht zum Einsatz im Axor kommt jedoch die EPS, die halbautomatisierte Schaltung des Actros.

Für den Axor stehen drei Fahrerhäuser zur Auswahl: kurz, lang und lang/hoch.

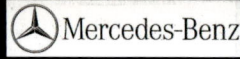

Mit Komponenten sowohl aus der Actros- wie aus der Atego-Serie zeigt sich der Axor.

Klassischer Gliederzug mit seitlichen Schiebeplanen

Der Axor 2543 6x2, bei dem nur die erste Hinterachse angetrieben ist, stellt einen typischen Straßenlastwagen dar, der für den Anhängerbetrieb auf mitt-

AXOR 2543 6X2	
Motor	OM 457 LA
Leistung	428 PS/315kW
Drehmoment	2.100 Nm
Getriebe	9 Gänge
Radstand	4.200–5.100 mm
Fahrerhaus	lang/hoch
Gesamtgewicht	25 t
zul. Zuggewicht	40 t

leren Entfernungen vorgesehen ist. Sowohl mit Festaufbau, wie hier, als auch als Wechselbrückenzug kommt er zum Einsatz, wobei die Vollluftfederung für den Einsatz mit Wechselbrücken unabdingbar ist. Auch der Radstand ist für die genormten Wechselbrücken vorgegeben, wobei es hierbei auch auf die Fahrerhauslänge ankommt. Wechselbrücken sind heute im Speditionsbetrieb allgegenwärtig.

Der Axor mit 25 Tonnen Gesamtgewicht wird auch mit Motoren ab einer Leistung von 231 PS geliefert.

Weit verbreitet ist der 18-Tonnen-Selbstlader mit Allradantrieb.

Der Axor 1833 mit Allradantrieb ist die beliebte Basis für den Krankipper. Neben guter Wendigkeit und Einsatzmöglichkeiten On- und Off-Road bietet er eine Nutzlast von gut acht Tonnen. Entsprechend ausgerüstet, erweitert sich das Einsatzspektrum bis in den Winterdienst hinein. Mit einem zulässigen Zuggesamtgewicht von 36 Tonnen kommt der Tiefladereinsatz mit bis zu 24 Tonnen Anhängergewicht hinzu, sofern der Lkw nur ballastiert wird, um das zulässige Zuggewicht nicht zu überschreiten. Für den Winterdienst kann das Fahrzeug mit einer verstärkten Vorderachse und erhöhtem möglichem Gesamtgewicht versehen werden, um trotz eingesetzter Frontanbaugeräte noch genügend Nutzlast für den Aufsatzstreuautomaten zur Verfügung zu haben. Alternativ wird der überwiegend solo eingesetzte Zweiachser mit Motorleistungen von 231 und 279 PS angeboten.

AXOR 1833 4X4	
Motor	OM 926 LA
Leistung	326 PS/240 kW
Drehmoment	1.300 Nm
Getriebe	9 Gänge
Radstand	3.600–3.900 mm
Fahrerhaus	kurz
Gesamtgewicht	18 t
zul. Zuggewicht	36 t

Vierachs-Hinterkipper mit Meiller-Aufbau aus der Axor-Serie

Neben dem Actros wird auch vom Axor das Segment der 32-Tonnen-Fahrzeuge für den Kipper, Fahrmischer- und Spezialfahrzeugbereich abgedeckt. Der abgebildete Axor ist ein 8x4-Kipper mit Meiller-Halfpipe, auch als Rundmulden-Hinterkipper bezeichnet. Die

AXOR 3243 8X4	
Motor	OM 457 LA
Leistung	428 PS/315kW
Drehmoment	2.100 Nm
Getriebe	9 Gänge
Radstand	4.500 mm
Fahrerhaus	kurz
Gesamtgewicht	32 t
zul. Zuggewicht	40 t

Schweiz hat sich mittlerweile dazu durchgerungen, fünfachsige Solofahrzeuge im öffentlichen Straßenverkehr zuzulassen.

Die überwiegend im Soloverkehr eingesetzten Vierachser werden mit Nutzlasten zwischen 18 und 20 Tonnen als Kipper und Mischer verwendet. Dabei können sie zwei, drei oder vier angetriebene Achsen haben. Vierachsige Fahrzeuge haben eine aufwändige Lenkung und einen technisch anspruchsvollen Gewichtsausgleich zwischen den Vorderachsen. Auch ist – je nach Radstand – die Unterbringung von Tank, Druckluftkesseln und Batterien nicht immer ganz einfach.

Für sechs bis sieben Kubikmeter Beton oder Fertigmörtel ist dieser Axor-Mischer geeignet.

Die dreiachsigen 6x4-Fahrgestelle werden als Solokipper und als Fahrgestelle für Fahrmischer eingesetzt. Sie sind vor allem im Fahrmischereinsatz weit weniger häufig anzutreffen als die Vierachser. Dennoch glänzen sie mit einem guten Verhältnis von Nutzlast zu Gesamtgewicht und können etwa sechs Kubikmeter Frischbeton transportieren, wobei das Volumen der Trommeln etwa acht Kubikmeter beträgt. Der Einsatz im Zugbetrieb ist vor allem bei den Fahrmischern selten, bei den Kippern gelegentlich anzutreffen. Letztere weisen allerdings 15 Tonnen Nutzlast auf. Dieser hohe Wert macht sie für die Lieferung kleiner und mittlerer Mengen von Sand und Kies attraktiv, besonders dann, wenn der Anhängerbetrieb nicht möglich ist.

AXOR 2633 6X4	
Motor	OM 926 LA
Leistung	326 PS/326 kW
Drehmoment	1.300 Nm
Getriebe	9 Gänge
Radstand	3.300–3.900 mm
Fahrerhaus	kurz
Gesamtgewicht	26 t
zul. Zuggewicht	40 t

Leichter Kippsattelzug für den Transport von Zuschlagstoffen wie Sand oder Kies

Schon in der ersten Generation des Axor gab es die zweiachsige Sattelzugmaschine mit einem geringen einsatzfertigen Leergewicht um die sieben Tonnen. Kombiniert mit einem leichten, dreiachsigen Hinterkippauflieger kommen so möglicherweise mehr als 28 Tonnen Nutzlast im 40-Tonnen-Sattelzug zusammen.

Axor-Sattelzugmaschinen werden ab einer Leistung von 231 PS ausgeliefert, dann jedoch nur mit 28 Tonnen Zuggewicht, was einem einachsigen Auflieger mit 10-Tonnen-Achse entspricht. Diese werden dann vor allem für den Distributionsverkehr von Lebensmitteln mit isolierten Aufliegern verwendet.

Der abgebildete Axor-Kippsattelzug ist weniger für Baustellen mit schwierigen Bodenverhältnissen geeignet als für den Transport von Zuschlagstoffen (Sand, Kies) vom Kieswerk zum Frischbetonwerk – überwiegend auf normalen Straßen.

AXOR 1843 S 4X2	
Motor	OM 457 LA
Leistung	428 PS/315 kW
Drehmoment	2.100 Nm
Getriebe	6 Gänge
Radstand	3 600–3.900 mm
Fahrerhaus	lang
Gesamtgewicht	18 t
zul. Zuggewicht	40 t

Die erste Generation der Actros-Baureihe wurde, nahezu komplett neu konstruiert, 1996 in den Markt eingeführt. Sie löste den in seiner Grundkonzeption über 20 Jahre lang gebauten Vorgänger ab, der 1974/75 als „Neue Generation" angetreten war und zuletzt unter SK für „Schwere Klasse" firmierte. Der Actros bot Scheibenbremsen auf allen Radpositionen bei den Straßenfahrzeugen an, die Baustellen- und Allradfahrzeuge waren gemischt mit Scheibenbremsen (Vor-

Nobler Arbeitsplatz mit Ledersitz im Actros

derachsen) oder rundum mit Trommelbremsen (angetriebene Achsen) ausgerüstet. Hinzu kam die Telligence-Bremsanlage, eine weiterentwickelte Telligence-Schaltung und eine Reihe elektronischer Steuerungen. Zunächst wurden von der Kundschaft die neuen Fahrerhäuser mit hohem Komfort begrüßt. Es gibt sie in den Ausführungen kurz, verlängert, lang, lang/hoch und „Mega-Space" für den internationalen Langstreckenverkehr. Bald kam jedoch Kritik an der Inneneinrichtung auf, die

tatsächlichen Platzverhältnisse wurden reklamiert. Mercedes-Benz hatte tatsächlich etwa zehn Zentimeter der möglichen Länge innerhalb der zulässigen Lastzugesamtlängen nicht ausgenutzt.

Neben der halbautomatischen Schaltung war die vollautomatische Telligence-Schaltung ohne Kupplungspedal verfügbar. Damit lässt sich wie mit einer Vollautomatik fahren, der Fahrer kann jedoch jederzeit eingreifen und auch im manuellen Schaltbetrieb fahren.

1997 wurde das Lieferprogramm um die Baustellenfahrzeuge erweitert. Es stellt damit das umfassendste Produktprogramm in der Klasse ab 18 Tonnen aller Lkw-Hersteller in Europa dar.

2003 löste der Actros 2 mit einem besseren Fahrerhaus-Innendesign und zahlreichen Verbesserungsdetails am gesamten Fahrzeug die erste Generation ab. Man hatte weitgehend aus den Schwächen des Actros 1 gelernt.

Stück für Stück wurde auch bei den Motoren eine Leistungssteigerung vorgenommen. Die Baureihe 500, die im Actros verbaut wird, umfasst Sechszylinder-V-Motoren mit 320 bis 480 PS als Baureihe OM 501 und Achtzylinder-V-Motoren mit 500 bis 600 PS. Alle Typen sind mit Turboaufladung und Ladeluftkühlung versehen.

2006 kam für die Straßenfahrzeuge das Power-Shift-Getriebe auf den Markt. Es hat zwölf Stufen und ist für die neueste Generation der Telligence-Schaltung vorbereitet.

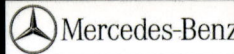

Stärkster Actros-Sechszylinder ist der 1848 mit 476 PS.

Mindestens an der Hinterachse sind alle Actros-Sattelzugmaschinen luftgefedert. Neben gutem Fahrkomfort erleichtert dies auch das Umsatteln, also den Wechsel des Aufliegers. Der 1848 S ist der leistungsstärkste Actros mit Sechszylindermotor. Er findet vor allem im Fernverkehr national und international Verwendung. Er ist auch mit den anderen Varianten der Fahrerhäuser lieferbar und bietet die komplette Palette des Actros-Programms bei der Ausstattung an – auch das neue Powershift-Getriebe. Mit der nächststärkeren Variante halten dann zwei zusätzliche Zylinder unter der Kabine Einzug, was dann auch zu mehr Leergewicht führt.

ACTROS 1848 S 4x2	
Motor	OM 501 LA
Leistung	476 PS/350 kW
Drehmoment	2.300 Nm
Getriebe	16/12 Gänge
Radstand	3.600–3.900 mm
Fahrerhaus	Mega-Space
Gesamtgewicht	18 t
zul. Zuggewicht	40 t

8x6-Vierachser mit überhohen Bordwänden

Der Vierachser mit drei angetriebenen Achsen ist dem allradgetriebenen Bruder nur knapp in der Geländegängigkeit unterlegen. Dabei sind die erste Achse und die beiden Hinterachsen angetrieben. Mit ordentlicher Motorleistung und einem guten Drehmoment ausgestattet, eignet er sich universell für fast jede Baustelle. Vor allem für den italienischen Markt mit hohen Bordwänden ausgestattet und mit einem Gesamtgewicht über 40 Tonnen im öffentlichen Straßenverkehr zugelassen, macht er im baustelleninternen Betrieb auch im heimischen Markt eine gute Figur. Aufgebaut ist ein Meiller-Dreiseitenkipper des Typs 20.

Zur Ergänzung: Bei Vierachsern mit drei angetriebenen Achsen gibt es zwei Meinungen darüber, ob dabei die erste oder zweite Fahrzeugachse angetrieben sein soll. Für beide Varianten gibt es Argumente. Die zweite Achse ist jedoch etwas schwieriger an den Antriebsstrang anzuschließen

ACTROS 4141 8X6	
Motor	OM 501 LA
Leistung	408 PS/
Drehmoment	2.050 Nm
Getriebe	16 Gänge
Radstand	4.500
Fahrerhaus	Standard
Gesamtgewicht	41 t
zul. Zuggewicht	40 t

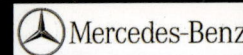

Auch Mercedes hat eine Schwerlastzugmaschine im Programm: 8x4 SLT mit 600 PS

Die speziell für den Schwertransport vorgesehene Sattelzugmaschine, die wahlweise auch mit abnehmbarer Ballastpritsche versehen werden kann, rollt auf einem Vierachsfahrgestell mit dicht vor die dritte Achse versetzter zweiter Lenkachse, um die erlaubte Sattellast optimal auszunutzen. Sie ist mit allen verfügbaren Extras nahezu komplett ausgestattet. Statt einer normalen Trockenkupplung weist sie eine Wandler-Schalt-Kupplung (WSK) auf. Hierbei handelt es sich um eine Flüssigkeitskupplung, die zum Anfahren eine erhebliche Drehmomentüberhöhung erlaubt. Außerdem wird damit das Fahren mit Doppeltraktion beziehungsweise Schub-Zugbetrieb mit einer zweiten Zugmaschine erheblich erleichtert. Während man früher schnell auf die Doppel- und Mehrfachtraktion

mit schwächeren Zugmaschinen zurückgriff, wurden in den 70er- und 80er-Jahren von Spezialfirmen aus seriennahen Fahrgestellen Spezialzugmaschinen hergestellt. Mit den heute serienmäßig verfügbaren starken Motoren mit hohem Drehmoment stellen die Lkw-Hersteller ihre Schwerlastzugmaschinen weitgehend selbst her, meist auch in eigenen Spezialwerkstätten.

ACTROS 4160 S 8X4	
Motor	OM 502 LA
Leistung	600 PS/441 kW
Drehmoment	k.A.
Getriebe	16 Gänge Wandlerschaltkupplung
Radstand	Sonderradstand mit Vorlaufachse
Fahrerhaus	Mega-Space
Gesamtgewicht	41 t
zul. Zuggewicht	abhängig von Aufliegergröße gemäß Motorleistung bis 200 t

Dreiachs-Allradkipper mit Dreiseiten-Kippaufbau von Meiller

Der Typ 3344 ist ein überschwerer Dreiachskipper mit der 440-PS Maschine aus dem Sechs-Zylinder-Motorenprogramm. Das technisch mögliche Gesamtgewicht beträgt 33 Tonnen, auf öffentlichen Straßen bleibt es jedoch bei 26 Tonnen zulässigem Gesamtgewicht. Damit eignet sich der Kipper vor allem für den baustelleninternen Einsatz und für ungleichmäßige Lastverteilung. Der Allrad-Dreiachser ist zum Beispiel in Kombination mit einem 18-Tonnen-Zentralachs-Kippanhänger noch einigermaßen profitabel auf der Straße einzusetzen. Der Meiller-Dreiseitenkippaufbau kann auch mit der vollhydraulischen Seitenbordwand Bordmatik ausgestattet werden, die ein seitliches Kippen ohne manuelles Öffnen der Bordwand ermöglicht.

Auf Basis des 33-Tonnen-Fahrgestells werden vor allem für den Export Hinter- und Muldenkipper mit und ohne Allradantrieb aufgebaut. Hierzu werden auch Motoren ab 360 PS angeboten.

ACTROS 3344 6X6	
Motor	OM 501 LA
Leistung	435 PS/320 kW
Drehmoment	2.100 Nm
Getriebe	16 Gänge
Radstand	3.600–3.900 mm
Fahrerhaus	Standard
Gesamtgewicht	33 t
zul. Zuggewicht	40 t

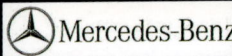
Das Flaggschiff: Der Actros hat 600 PS

Das Flaggschiff des Mercedes-Benz Actros ist der 1860 LS MegaSpace. Eine zweiachsige Zugmaschine mit Vollausstattung und 600 PS Leistung für den schweren internationalen Terminverkehr oder für Leute, die nicht genügend PS unter der Kabine haben können. Das Fahrzeug gibt es zusätzlich aufgepeppt, jedoch in begrenzter Auflage auch als „Black Edition". Es wird in dieser Version gerne als Show-Truck für Werbezwecke eingesetzt.

Sinnvoll ist die starke Motorisierung im internationalen Terminverkehr, wobei von Anfang an damit gerechnet werden muss, dass ein höherer Kraftstoffverbrauch nahezu unvermeidlich ist.

ACTROS 1860 S 4X2	
Motor	OM 502 LA
Leistung	600 PS/441 kW
Drehmoment	2.800 Nm
Getriebe	16 Gänge
Radstand	3.600–3.900 mm
Fahrerhaus	Mega-Space
Gesamtgewicht	18 t
zul. Zuggewicht	40 t

25,25 Meter langer Versuchszug

Einen Blick in die Zukunft bietet diese Zugzusammenstellung. Dabei wird ein dreiachsiges Zugfahrzeug mit einem fünfachsigen Anhänger kombiniert, was zu Gesamtgewichten über 50 Tonnen führt. Derzeit bieten mehrere Hersteller solche Züge als Prototypen an. Sie werden mit Sondergenehmigungen zugelassen, so dass durchaus die Möglichkeit besteht, solchen „Road Trains" auf unseren Fernstraßen zu begegnen. Für Skandinavien sind derartige Fahrzeugkombinationen nicht ungewöhnlich.

In Mitteleuropa laufen verschiedene Versuche mit langen Zugkombinationen. Mit Sondergenehmigung bereits im Einsatz sind Containerzüge im kombinierten Verkehr. Hierbei wird der Hauptteil des Wegs per Bahn oder Schiff zurückgelegt und der Vor- und Nachlauf auf der Straße so kurz wie möglich gehalten. Die transportierten Güter werden in standardisierten Transporteinheiten, wie Container oder Sattelanhänger, umgeschlagen.

ACTROS 2660 6X4	
Motor	OM 502 LA
Leistung	600 PS/441 kW
Drehmoment	2.800 Nm
Getriebe	16 Gänge
Radstand	3.300–4.800 mm
Fahrerhaus	Mega-Space
Gesamtgewicht	26 t
zul. Zuggewicht	über 50 t

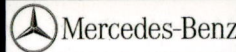

Econic mit Müllsammelaufbau

Die Baureihe Econic ist ein für den Einsatz im Kommunalbetrieb getrimmtes Derivat, primär mit Atego-Komponenten. Haupterkennungsmerkmal ist das niedrige Fahrerhaus mit besonders leichtem Einstieg. Eingesetzt wird das Fahrgestell besonders gerne als Müllsammelauto mit zwei oder drei Achsen oder als Trägerfahrzeug für Drehleitern oder Arbeitsplattformen. Die Motoren entsprechen den Sechszylindern, die auch für den Axor lieferbar sind. Die Fahrzeuge eignen sich im wesentlichen nur für den Straßeneinsatz.

Der dreiachsige Müllsammelwagen für unterschiedliche Müllaufbauten, unter anderem für Frontlader zur Aufnahme von Großmüllbehältern, hat zwei gelenkte Achsen, ist somit sehr wendig und zur Mitnahme des Bedienpersonals mit leichtem Ein- und Ausstieg konzipiert. Es gibt ihn auch als Zweiachser sowie mit 330 PS, er ist jedoch nicht mit Allradantrieb ver-

fügbar. Es handelt sich um ein ausgesprochenes Spezialfahrzeug, das jedoch immer wieder mit neuen Aufbauvarianten überrascht. Der Antriebsstrang ist meist mit Motoren der Baureihe OM 904, OM 906 und OM 457 bestückt, wobei es den Sechszylinder-Reihenmotor OM 457 (h) aus dem Omnibus auch in liegend eingebauter Variante gibt, was den Einbau nochmals flexibler macht. Neben verschiedenen hauseigenen Getrieben werden auch zugekaufte vollautomatische Getriebe verwendet.

ECONIC 2628 6X2/4	
Motor	OM 906 LA
Leistung	279 PS/205 kW
Drehmoment	1.100 Nm
Getriebe	9 Gänge (auf Wunsch Vollautomat)
Radstand	3.300–5.100 mm
Fahrerhaus	Niederflur
Gesamtgewicht	26 t
zul. Zuggewicht	-

Mercedes-Benz

Beliebt ist der Vario unter anderem wegen seiner kurzen Haube.

Vario

Das kleinste unter den Mercedes-Benz-Nutzfahrzeugen ab 7,5 Tonnen ist der Vario. Als Transporter vom Typ 2 tummelt er sich seit langer Zeit im Lkw-Programm von Mercedes-Benz. Es gibt ihn in verschiedenen Varianten unter anderem als Doppelkabiner und mit Allradantrieb. Die Motorleistung reicht bis 140 PS. Eigentlich ist er ein Auslaufmodell, zwischen Sprinter und Atego eingezwängt. Die Kurzhaubenbauweise macht ihn jedoch nach wie vor für manchen Kunden und insbesondere als Doppelkabiner attraktiv.

Der Vario 814 ist der kleinste 7,5-Tonner im Programm von Mercedes-Benz. Er bietet verhältnismäßig viel Nutzlast abhängig vom Aufbau. Mit Allradantrieb und Doppelkabine stellt er die mobile Basis für Werkstatt- und Montagetrupps dar und ist deshalb sehr beliebt bei Energieversorgungsunternehmen, bei der Straßenbauverwaltung und Kommunalbetrieben. Gerne wird er mit Hubarbeitsplattformen bestückt. Nicht zuletzt ist der Vario bei Fahrern beliebt, die wenigstens den Ansatz einer Motorhaube vor sich sehen wollen. Da die Grundkonstruktion nicht mehr auf dem allerneuesten Stand der Technik ist, weist der Vario nicht so viel Bequemlichkeit und Komfort wie ein Atego auf.

VARIO 814 4X2	
Motor	OM 904 LA
Leistung	136 PS/100 kW
Drehmoment	k.A.
Getriebe	6 Gänge
Radstand	-
Fahrerhaus	Kurzhauber-Doppelkabine (fest)
Gesamtgewicht	7,5 t
zul. Zuggewicht	-

RENAULT TRUCKS

Die Renault Véhicules Industriels ist eine Zusammenschmelzung verschiedener traditioneller französischer Lkw-Hersteller, im Wesentlichen Berliet, Renault und Saviem. Seit Anfang der 8oer Jahre kann der Verbund als homogene Firma angesehen werden. RVI ist an Mack (US) wesentlich beteiligt, außerdem kooperiert man mit Volvo, hierbei werden Komponenten und Aggregate untereinander ausgetauscht.

Die bei anderen Herstellern klare Gliederung in drei Fahrzeugserien ist bei Renault nicht zu finden. vielmehr teilt sich das Nutzfahrzeugprogramm in fünf Gruppen auf: Midlum, Kerax, Premium, Route und Magnum. Die Gesamtgewichte überschneiden sich dabei, die Serien sind stark auf den vorgesehenen Einsatz ausgerichtet. Der Kerax bedient als Zwei-, Drei- und Vierachser vor allem den Baubetrieb. Er wird auch mit Allradantrieb angeboten. Dagegen ist der Magnum als Produkt für den reinen Fernverkehr gedacht. Die kosequente Trennung in den Fahrgestell- und Antriebsraum von der Fahrerkabine beschert dem Fahrer eine geräumige Kabine mit vollkommen ebenem Boden. Er stammt letztendlich aus der Weiterentwicklung des in den späten 8oer-Jahren als Zukunftsentwicklungsträger vorgestellten „Virages", einem Fahrzeug

Das Konzept des Renault Magnum unterscheidet sich nicht nur optisch von dem der Konkurrenten.

das es unter anderem mit zwei einzelbereiften und angetriebenen Hinterachsen gab. Damals war man noch der Ansicht, künftige Antriebsdrehmomente mit einer Achse nicht auf die Straße zu bringen, wobei man noch an Leistungsgrößen um die 500 PS und Drehmomente um die 2.000 Nm am Motorausgang dachte. Die anderen Serien sind konventionell ausgebaute Nutzfahrzeuge.

Midlum

Der Renault-Midlum deckt den Gewichtsbereich von 7,5 bis 18 Tonnen ab. Die auch von DAF mit kleinen Änderungen genutzte Kabine gibt es bei Renault in verschiedenen Breiten und sowohl als Standard- wie als lange Kabine und in einer Doppelkabinenausführung. Die Leistungsklassen beginnen mit einem Vierzylinder-Dieselmotor und 160 PS und reichen bis zum 18-Tonner mit 280 PS starkem Reihensechszylinder. Getriebe mit fünf, sechs und neun Gängen werden verbaut, die alle von der ZF (Zahnradfabrik Friedrichshafen) bezogen werden. Teilweise sind die Fahrzeuge extra leicht für den reinen Straßeneinsatz mit leichtem Rahmen gebaut, um die Nutzlast zu optimieren. Sie weisen in der Regel auch eine geringe Anhängelast auf.

Der Midlum misst seine Kräfte unter anderem mit dem Iveco Eurocargo, dem LF von DAF und dem Vario beziehungsweise Atego von Mercedes-Benz.

Siebeneinhalb-Tonnner von Renault Nutzfahrzeuge

Der kleinste der Midlum-Serie ist einerseits ein sehr beliebtes Fahrzeug bei Autovermietungen, sei es als Koffer- oder als Pritschenfahrzeug. Vor allem der auf niedrigen Verschleiß ausgelegte Antriebsstrang (wenige Gänge ergeben weniger Schaltungen und weniger Kupplungsbeanspruchung) gefällt den Vermietern, die unter ihrer Kundschaft auch ungeübte Fahrer haben. Andererseits ist er auch beliebt bei Handwerks- und Gewerbebetrieben, die um den Einsatz eines Fahrzeugs dieser Größe nicht herumkommen, beispielsweise bei Steinmetzen und Möbelschreinereien. Hier wird der Mid-lum eher ein hohes Betriebsalter als hohe Jahreslaufleistungen erreichen. Der 160-PS-Motor ist für den Solobetrieb über Kurz- und Mittelstrecken vollkommen ausreichend, gelegentliche Fernstrecken steckt er ebenfalls weg.

MIDLUM 160.08	
Motor	DXi 5
Leistung	160 PS/118 kW
Drehmoment	580 Nm
Getriebe	ZF S5-42 OD
Radstand	2.700–5100 mm
Fahrerhaus	Standard
Gesamtgewicht	7,5 t
zul. Zuggewicht	11 t

Im Elnsatz einer Brauerei ist dieser Zwölf-Tonner.

Für den Zustellverkehr von Brauereien sowie der gesamten Getränkeindustrie eignen sich die mautfreien Zwölftonner mit hoher Nutzlast, aber niedriger Ladekante. Als Aufbauten werden sowohl Pritschen mit Plane und seitlichen Planenvorhängen sowie feststehender bis zur Plane hochgezogener Rückwand verwendet, aber auch spezielle Getränkeaufbauten mit in der Mitte horizontal geteilten Seitenwänden mit federunterstütztem Klappmechanismus. In manchen Fällen lässt der Kunde das Fahrzeug nachträglich mit einer Schleppachse versehen, damit mutiert es zum 6x2 oder 6x2/4 mit niedriger Ladekante und 18–20 Tonnen Gesamtgewicht.

Diese Fahrzeuge beliefern auf Tages- und Halbtagestouren sowohl Gastronomiebetriebe als auch Getränkemärkte, vereinzelt auch die Privatkundschaft. Unweigerlich ist irgendwo am Fahrzeug die Getränkekarre für fünf bis sechs Kästen Bier verstaut. Bei Fahrzeugen mit Doppelbesatzung oder größeren Tagestouren wird auch das lange Fahrerhaus eingesetzt.

MIDLUM 220.12	
Motor	DXi 5
Leistung	220 PS/158 kW
Drehmoment	800 Nm
Getriebe	ZF 6 S-850 OD
Radstand	2.900–5.100 mm
Fahrerhaus	Standard
Gesamtgewicht	12 t
zul. Zuggewicht	15,5 t

Mineralölverteiler mit zehn Tonnen Gesamtgewicht

Ein anderer beliebter Einsatzbereich ist das Verteilerfahrzeug für Brennstoffe. Da der Brennstoff mit der fahrzeugseitigen Pumpe in den Heizöltank vor Ort gepumpt wird, ist ein getriebeseitiger Nebenabtrieb erforderlich. Der einstige Kohlenhändler hat weitgehend auf Heizöl umgesattelt und liefert die kleineren Chargen mit einem wendigen Tankfahrzeug mit gut sechs Tonnen Nutzlast aus. Die Zulassung zur Gefahrgutklasse AIII ist werkseitig auf Wunsch bereits vorbereitet. Der Einsatz erfolgt nur in den seltensten Fällen mit Anhänger, so dass die 190 PS Leistung aus dem kleinen Vierzylinder völlig ausreichend sind. Fallweise bietet Renault den Zehntonner auch mit 160 oder 220 PS an. Weitere Einsatzgebiete eines solchen kleinen Tankwagens ist die

Belieferung von Fahrzeugen und Maschinen auf Großbaustellen mit Dieselkraftstoff. Allerdings sollte hier auf die extra leichte Bauweise verzichtet werden und die Antriebsachse mit einer zuschaltbaren Differentialsperre versehen werden. Vielleicht fährt man mit dem 190.13 mittel hier noch besser, der bei 13 Tonnen Gesamtgewicht immerhin gut acht Tonnen Nutzlast bietet.

MIDLUM 190.10	
Motor	OM 906 LA
Leistung	190 PS/140 kW
Drehmoment	680 Nm
Getriebe	ZF 6 S-850 OD
Radstand	2.700–5.100 mm
Fahrerhaus	Standard
Gesamtgewicht	10 t
zul. Zuggewicht	19 t

RENAULT TRUCKS

Mit acht Tonnen im Straßenbaueinsatz

Obwohl der 7,5-Tonnen-Kipper nicht gerade vor Nutzlast strotzt, wird er mit guter Motorisierung unter anderem wegen seiner guten Anhängelast eingesetzt. Schließlich muss nicht nur der Baustellenkompressor an den Einsatzort gezogen werden, mit dem Tiefladeanhänger müssen Minibagger und kleine Radlader ebenfalls zum Einsatz gebracht werden. So lange das Fahrzeug mit dem alten Klasse-3-Führerschein bewegt werden kann, jüngere Fahrer benötigen den Schein der Klasse C 1E um Züge bis zu zwölf Tonnen Zuggewicht im öffentlichen Verkehr bewegen zu dürfen, ist der Siebeneinhalbtonner ein beliebtes Fahrzeug im Baugewerbe.

Der Kippaufbau trägt an der Stirnseite deutlich sichtbar ein „Hirschgeweih", mit dem sich lange Gegenstände, zum Beispiel Leitern und Gerüstteile leichter transportieren lassen. In unserem Falle ist ein leichter Ladekran montiert, der allerdings die Nutzlast weiter reduziert. Interessant ist die mittels Dachträger aufmontierte Warnbeleuchtung, die bei Nichtgebrauch zu Hause bleibt und dort, gut aufgeräumt, auch nicht kaputt gehen kann.

MIDLUM 220.08	
Motor	DXi 5
Leistung	220 PS/158 kW kW
Drehmoment	800 Nm
Getriebe	ZF 6 S-850 OD
Radstand	2.700–5.100 mm
Fahrerhaus	Standard
Gesamtgewicht	8 t
zul. Zuggewicht	18,75 t

Premium-Distribution

Renault teilt die Premium-Serie noch einmal auf in die Abteilung „Distribution" und „Lander". Während sich die 16- bis 26-Tonner der schweren Verteilerverkehre annehmen, wird die Serie mit dem Lander bei den Straßenzugmaschinen für den Mittelstreckenverkehr und bei den straßentauglichen zwei- und dreiachsigen Fahrgestellen für Kipper, Mischeraufbauten und auch für Baustoffzüge als Lander verkauft.

Der Antrieb der Premium-Renaults

Die Motorenpalette der Reihensechszylinder reicht von 240 bis 450 PS. Getriebe werden je nach Motorleistung mit sechs, neun und 16 Stufen eingebaut. Fahrerhäuser gibt es als „Standard", lang und lang/hoch. Je nach Fahrgestell sind sie in verschiedenen Höhen aufgebaut, und über zwei beziehungsweise drei Stufen ist der Innenraum zu erreichen.

Der Midlum ist wegen seines geringen Eigengewichts als Zugmaschine bei der Anwendung im Tankzug sowie als Autotransporter sehr beliebt. In diesen beiden Branchen war Renault früh zur Stelle und hat dementsprechend eine gute Marktposition.

Gemacht für die Langstrecke: Renault Premium

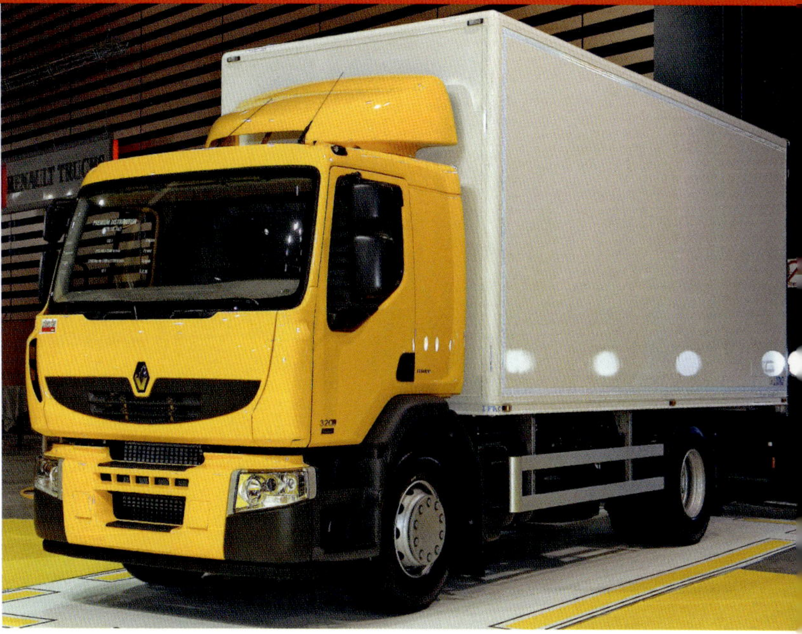

Schwerer Solowagen mit 240 PS

Das kompakte Fahrzeug, als reiner Solo-Lkw ausgelegt, bietet sich zum Transport schwerer Lebensmittel, zum Beispiel von frischem Fleisch vom Erzeuger zum Großverbaucher an. Den gleichen Typ gibt es auch vollluftgefedert. Damit ist er für den Transport und den Umschlag von Wechselbrücken und Wechselkoffern geeignet.

Hier zu sehen ist die lange Kabine mit einer Liege für den ausgedehnten Tagesverkehr und Mittelstreckenverkehr.

Wer den Premium-Distribution noch leistungsstärker motorisiert haben möchte, wird mit bis zu 450 Pferdestärken bedient. Mit der breiten Angebotsstreuung für den Premium-Distribution und einem ebenso breiten Angebot bei Premium-Lander und Premium-Route untermauert Renault die wichtige Stellung dieses Teils im umfassenden Gesamtprogramm des französischen Anbieters.

PREMIUM-DISTRIBUTION 320.18	
Motor	DXi7
Leistung	320 PS/235 kW
Drehmoment	1.200 Nm
Getriebe	ZF 9 S 1110 TO
Radstand	3.700–6.800 mm
Fahrerhaus	Standard
Gesamtgewicht	18 t
zul. Zuggewicht	40 t

Hier finden etliche Neuwagen ihren Weg zum Händler.

Autotransport ist eine eigene Welt und kennt ihre eigenen Gesetze. Zum einen werden die maximalen Umrisse des 40-Tonnen-Zuges mit 18,75 Metern Länge, vier Metern Höhe und 2,55 Metern Breite nach Möglichkeit voll ausgeschöpft. Optimale Kurvengängigkeit in Kombination mit maximaler Ladekapazität werden mit einem Gliederzug erreicht, der mit dem Sattelzug einige Ähnlichkeiten hat, woraus eine recht aufwändige Lenkgeometrie hervorgeht.

Hinzu kommt das „Stapeln und Schachteln" der transportierten Fahrzeuge. Zwar sind die einschlägigen Aufbauten bereits sehr ausgeklügelt, nach jedem Modellwechsel der Pkw-Industrie müssen jedoch die Verladevorgänge jedoch aufs Neue probiert werden. Ist der neue Golf nur fünf Zentimeter länger geworden, kann das dazu führen, dass pro Fuhre ein komplettes Fahrzeug weniger verladen werden kann.

Mit dem starken, ausgesprochen fernverkehrstauglichen Motor wird bei Terminfracht pünktliches Liefern gewährleistet. Wahlweise wird das Fahrzeug auch mit einem 370-PS-Motor gebaut. Der abgebildete Lohr-Aufbau ist in der Regel für neun Pkw gebaut. Ein anderer bekannter Hersteller der Spezialaufbauten ist die Kässbohrer-Transport-Technik in Salzburg und der italienische Hersteller Rolfo, bei Insidern vor allem für seine Produkte zum Lkw-Transport bekannt.

PREMIUM-DISTRIBUTION 450.18	
Motor	DXi 11
Leistung	450 PS/331 kW
Drehmoment	2.140 Nm
Getriebe	ZF 16 S 2220 TD
Radstand	5.500 mm
Fahrerhaus	lang, für Autotransport adaptiert
Gesamtgewicht	18 t
zul. Zuggewicht	40 t

Premium-Lander

Der Premium-Lander ist äußerlich von seinem Bruder Premium-Distribution kaum zu unterscheiden, wohl aber in diversen Details an Fahrgestell und Fahrerhaus. Als robuster Lkw ebenso wie als Sattelzugmaschine mit zwei und drei Achsen wird er in fünf Motorenleistungsstufen angeboten: von 280 bis zu 450 Pferdestärken. ZF-Getriebe mit neun beziehungsweise 16 Gängen und verschiedenen Eingangsdrehmomenten werden im Premium-Lander verbaut.

Der Premium-Lander für den schweren Mittelstreckeneinsatz

Der Lander eignet sich auch für Kipper- und Mischeraufbauten mit nur geringem Anteil an Einsätzen im schweren Gelände, als Sattelzugmaschine, beispielsweise für den Straßentransport von Zuschlagstoffen, und im Zementsiloverkehr. Mit dem im Aussehen recht ähnlichen Premium-Route und dem Premium-Distribution ist das Premium-Dreigespann komplett. Nach oben grenzt an diesen Programmteil die Magnum-Serie, parallel stehen die besonders robusten Kerax-Modelle für den schweren Baustellenverkehr bereit.

Der stärkste Lander mit 450 PS ist sowohl im erweiterten Nahverkehr, als auch im nationalen Fernverkehr anzutreffen. Sowohl mit dieser Motorleistung aus dem Renault-Reihensechszylinder mit 10,8 Litern Hubraum als auch mit den schwächeren Versionen mit 410, 370 sowie 320 und 280 PS aus dem 7,2-Liter-Motor wird er auch nach Polen, Rumänien und an andere Länder auf dem Balkan verkauft.

Die abgebildete Zugmaschine für den 40-Tonnen-Zug ist universell einsetzbar und ist auf den Autobahnen wie auch Bundesstraßen mit den unterschiedlichsten Aufliegern anzutreffen. Sie ist auf einen harten Alltagsbetrieb ausgelegt und kann für spezielle Zusatzaufgaben hoch gerüstet werden, vom Kompressor für den Silotransport über die Tankanlagenpumpe bis zum Kippernebenabtrieb nebst Kipphydraulikanlage.

PREMIUM-LANDER 450.19	
Motor	DXi 11
Leistung	450 PS/331 kW
Drehmoment	2.140 Nm
Getriebe	ZF 16S 2220 TO
Radstand	3.500–3.900 mm
Fahrerhaus	lang
Gesamtgewicht	19 t
zul. Zuggewicht	40 t

Ideales Fahrgestell für einen Kipper- oder Mischeraufbau

Das Fahrgestell eignet sich bei gleichem Radstand, der geringfügig variieren kann, gleichermaßen für einen Standardkippaufbau wie für die Ausführung als dreiachsige Sattelzugmaschine. Der mit zwi angetriebenen Achsen versehene Lkw kann fallweise auch mit mehr als 40 Tonnen Zuggewicht eingesetzt werden, etwa für Tiefladersattelzüge. Der Standardkippaufbau für den französischen Markt ist der „Bibenne", mehr darüber im Kapitel Kerax.

Das Fahrerhaus ist auf Wunsch mit weit nach unten verglasten Türen zu haben, das besonders im Nahverkehr eine gute Sicht in den Bereich direkt neben das Fahrezug bietet und vor allem im ansonsten toten Winkel nicht sichtbare Personen und Gegenstände überblicken lässt. Der Lander mit 370-PS-Motor ist ein ideales Fahrgestell für Betonmischeraufbauten mit ausgewogenem Lerrgewicht und entsprechend günstiger Nutzlast.

PREMIUM-LANDER 410.26	
Motor	R6 LL
Leistung	410 PS/302 kW
Drehmoment	1.900 Nm
Getriebe	ZF 16 S 1820 TD
Radstand	3.500–6.100 mm
Fahrerhaus	Standard
Gesamtgewicht	26 t
zul. Zuggewicht	40 t

RENAULT TRUCKS

Die Premium-Serie bietet drei Fahrerhäuser an, nämlich Standard, langniedrig und mit Hochdach. Sie können nahezu unabhängig von Fahrgestell und Aufbau geordert werden. Ob für den Tagesverkehr, den nationalen Fernverkehr oder im mehrtägigen Einsatz auf Tour, neben einem ergonomisch gut ausgestalteten Fahrerplatz bieten die Kabinen durchweg zahlreiche Staumöglichkeiten für Transportpapiere und private Utensilien und Schutzkleidung wie auch die Möglichkeit, einen kleinen Kühlschrank für Getränke und Lebensmittel zu integrieren. Wahlweise lässt sich ein dritter Sitz auf dem relativ niedrigen Motortunnel aufbauen.

Fahrerhäuser moderner Nutzfahrzeuge sind in der Regel mit zahlreichen Arbeitserleichterungen versehen, darunter elektrisch beheizte und verstellbare Außenspiegel, elektrische Fensterheber mindetens auf der rechten Seite, Ablagen, Flaschenhalter für verschiedene Flaschengrößen und Steckdosen mit 12/24 Volt.

Premium-Route

Das Topmodell für den Fernverkehr aus dem Haus Renault, sieht man von der eigenständigen Konstruktion des „Magnum" einmal ab, ist der Route aus der Premium-Serie. Gediegen und mit allen erdenklichen Extras ausgestattet, wird er als 4x2-Zugmaschine und als 6x4-respektive 6x2-Fahrgestell mit 410 oder 450 PS Motorleistung ausgeliefert. Als Fahrerhäuser kommen das lange und das lange Fahrerhaus mit Hochdach in den Verkehr.

Fahrerhäuser moderner Nutzfahrzeuge bieten heute zahlreiche Arbeitserleichterungen.

Kompletter Fernlastzug von Renault

Wer sich, aus welchen Gründen auch immer, im schweren Fernverkehr für den Magnum nicht entscheiden kann und trotzdem einen stark motorisierten und bestens ausgestatteten Renault einsetzen möchte, bedient sich des Premium-Route. Der Premium-Route wird ausschließlich mit Motoren mit mehr als 400 PS verkauft. Trotz des Anflugs von Luxus besteht er aus einer sehr hohen Zahl von Gleichteilen mit den beiden anderen Premium-Segmenten von RVI. Das macht insbesondere in ganzen Flotten die Ersatzteilhaltung leicht. An und für sich entspricht die Kabinenaufteilung der des Premium-Lander, man

kann den Lander als Normalausgabe des Premiums bezeichnen, den Route als dazugehörige S-Klasse sehen.

Renault ist damit in der Mittelklasse wie im Schwerlastfahrzeugbereich sehr gut sortiert.

PREMIUM-ROUTE 450.18	
Motor	DXi 11
Leistung	450 PS/331 kW
Drehmoment	2.140 Nm
Getriebe	ZF 16 S 2220 TD
Radstand	3.700–3.900 mm
Fahrerhaus	lang/hoch
Gesamtgewicht	18 t
zul. Zuggewicht	40 t

Kerax

Speziell für den Einsatz im Baustellenverkehr hat Renault die Kerax-Serie
entwickelt. Die zwei- bis vierachsigen
Fahrgestelle weisen besonders stabile
Rahmen auf, bieten auch ohne Allradantrieb eine hohe Bodenfreiheit und
werden im Antriebsstrang mit Quer-
und Längssperren je nach Achs- und
Antriebskonfiguration ausgerüstet. Die
Kerax-Serie ist durchweg mit der 10,8-
Liter-Maschine angetrieben, die in den
Leistungsstufen 370, 410 und 450 PS
eingebaut wird. Die Radstände sind auf
Kipper- und Sattelzugmaschinenwerte
ausgerichtet. Der Kerax-Vierachser ist
nicht mit Allradantrieb erhältlich. Diese
gibt es als 4x4- und 6x6-Versionen.
Außer Renault bietet Iveco mit dem
Trakker eine spezielle Serie für den
Baubetrieb an, andere Hersteller be-
gnügen sich mit grundsätzlich aus den
Bau ausgerichteten Austattungspake-
ten. In der Kerax-Serie tauchten anfangs noch die letzten Haubenmodelle
von Renault auf, die jedoch mittlerweile auch Geschichte sind. An ihnen
konnten bis zuletzt noch Design-Ele-
mente von Berliet erkannt werden.

Die Fahrerhäuser Standard und mittellang sind für den Kerax vorgesehen,
wobei letzteres auch als „verlängert"
bezeichnet werden kann. Es ist maximal mit einer klappbaren Liege ausgerüstet, wobei dazu die beiden Sitze
nach vorne geklappt werden müssen.
Zusätzliche Trittstufen erleichtern den
Aufstieg in die Kabine.

Eine spezielle Serie für den Baubetrieb stellen die Kerax dar.

Dieses Vierachs-Fahrgestell steht bereit für verschiedene Aufbauten.

Das Fahrgestell des vierachsigen Renault-Kerax eignet sich für alle möglichen, primär bauspezifischen Aufbauten, mit der 410-PS-Maschine überwiegend für den Kippaufbau

Dabei können Hinterkipper in Halfpipeform wie mit Rechteckquerschnitt mit diversen Heckklappen ebenso wie Dreiseitenkippaufbauten mit dem Fahrgestell kombiniert werden. Meist wird das Fahrgestell am Heck nur mit einer Rangierkupplung versehen, da Zugeinsatz mit Vierachsern relativ selten ist.

Den Kerax-Vierachser gibt es ebenso mit 370 oder 450 PS Motorleistung. In Kombination mit einem Fahrmischeraufbau ist das schwächere Aggregat ausreichend, während für den Einsatz auf steigungsreichen Straßen zum 450-PS-Motor gegriffen werden kann, um die Transportleistung nicht absinken zu lassen.

In Verbindung mit Längs- und Quersperren an den Hinterachsen bietet der 8x4-Kerax eine erstaunlich hohe Geländegängigkeit.

KERAX 410.32	
Motor	DXi 11
Leistung	410 PS/302 kW
Drehmoment	1.900 Nm
Getriebe	ZF 16 S 1820 TD
Radstand	4.350–4.650 mm
Fahrerhaus	lang
Gesamtgewicht	32 t
zul. Zuggewicht	40 t

Mit 450 PS Motorleistung ist der dreiachsige Kerax für den Lastzugbetrieb im Baustellen- und Straßeneinsatz ausgelegt. Während in Deutschland in der Regel ein Meiller-Dreiseitenkippaufbau des Typs 16 aufgebaut wird, meist mit der Bordmatik, der vollhydraulischen Seitenbordwand auf der linken Seite, bevorzugen die Franzosen und Belgier den „Bibenne". Der Kipper kann nach links und nach hinten gekippt werden. Links arbeitet eine Bordmatik, am Heck ist die kombinierte Bordwand angebracht, die wahlweise pendelt oder als zweiflügelige Tür geöffnet werden kann. Nach rechts kann nicht gekippt werden, oft ist die Bordwand feststehend eingebaut. Der Bibenne erhält damit eine höhere Brückenstabilität bei einem etwas leichteren Gesamtaufbau. Der Bibenne ist auch Regelaufbau für französiche Zweiachskipper.

Der solide Rahmen des Kerax ist extrem widerstandsfähig und belastbar. Die unterschiedlichen erhältlichen Rahmenausführungen und Rahmenstärken wurden auf die verschiedenen Einsatzbedingungen angepasst. Die Längsträger und Federungen wurden so konzi-

Der ebene und flache Rahmen macht es Aufbauherstellern leicht.

KERAX 450.26	
Motor	DXi 11
Leistung	450 PS/331 kW
Drehmoment	2.140 Nm
Getriebe	ZF 16 S 2220 TO
Radstand	3.200–5.500 mm
Fahrerhaus	Standard
Gesamtgewicht	26 t
zul. Zuggewicht	40 t

piert, dass sie den schweren Bedingungen bei Baustellentransporten standhalten.

Die Vorderachse ermöglicht eine Achslast von neun Tonnen, die beispielsweise für die Kranmontage hinter dem Fahrerhaus von Vorteil ist.

Kerax mit aufgebautem Kran

An einer deutlich größeren Höhe mit größerer vorderer Bodenfreiheit ist der Allradantrieb am Kerax zu erkennen, obwohl auch die hinterachsgetriebenen Ausführungen gegenüber Straßenfahrzeugen höher bauen. Mit Allradantrieb gibt es nur den Kerax 4x4 und den 6x6. Mit 370 PS bietet sich der Zweiachser förmlich als Selbstlader, auch Krankipper genannt, bestens an. Oft sind die Einsatzorte für Kippfahrzeuge mit Ladekran abseits fester Wege zu finden, auch steht nur selten eine geeignete Baumaschine bereit, um den Lkw aus misslicher Lage zu befreien. Auf der anderen Seite eröffnen sich die Möglichkeiten, mit einem Sattelauflieger auf Baustellen mitzuarbeiten, die ansonsten nur Drei- und Vierachsern offen stehen. Insgesamt ist der Anteil allradgetriebener Fahrzeuge aus der Kerax-Serie nicht sonderlich hoch, da den Franzosen meist das ansonsten für die Baustelle optimierte Fahrzeug als ausreichend erscheint.

KERAX 370.19	
Motor	DXi 11
Leistung	370 PS/272 kW
Drehmoment	1.735 Nm
Getriebe	ZF 16 S 1820 TD
Radstand	3.700 mm
Fahrerhaus	kurz
Gesamtgewicht	18 t
zul. Zuggewicht	40 t

Magnum

Was Design und Konzept anbelangt, ist der Magnum jenseits normaler Massstäbe angesiedelt. Konsequent aus dem Prototypen „Virages" weiter entwickelt und abseits des gewöhnlichen Aufbaus von Fernverkehrskabinen, eignet er sich primär für den internationalen, europäischen Fernverkehr. Als Mack adaptiert, steigt das Flair des Trucking auf nordamerikanischen Highways noch weiter in die Höhe. Der Magnum ist beileibe kein Auto, um damit im Verteilerverkehr zu glänzen, da würde jeder Fahrer genervt nach zwei Tagen spätestens das letzte Mal aussteigen – inklusive Muskelkater wegen des aufwändigen Weges in und aus der Kabine.

Rahmen und Antriebsstrang sind bis auf den 500-PS-Motor weitgehend mit der Premium-Serie identisch. Bei der Kabine jedoch wurde konsequent das Cabover-System angewendet: Cabine over engine. Nichts ragt in den Kabinenboden hinein, der völlig eben ist. Der Fahrer respektive Beifahrer steigt über eine kurze Leiter hinter der Vorderachse bis auf die erhöhte Ebene der eigentlichen Kabine, um dann über die weiter vorne platzierte Tür in das eigentliche Fahrerhaus einzusteigen. Aufwändiger als bei normalen Fahrerhäusern, ist dies bei einer solchen Kabine aber kaum anders zu lösen. In den Versuchsabteilungen des gesamten Wettbewerbs hat man sich hierüber ebenfalls ausführlich die Köpfe zerbrochen.

In der zweiten (aktuellen) Generation Magnum lässt sich die Möblierung mit wenigen Handgriffen so verändern, dass man sich einmal im Arbeitszimmer, dann im Schlafzimmer und schließlich im Wohn-/Esszimmer des Magnum befindet. Muss man in anderen Kabinen ständig umräumen und Kompromisse schließen, entsteht mit

Der Magnum sticht mit dem alternativen Führerhauskonzept aus dem Renault-Programm heraus.

wenigen Handgriffen im Magnum ein Wohnzimmer mit vollwertiger zweiplätziger Sitzgruppe, auch der Weg ins Bett findet nicht als Kletterpartie über Sitze und Motortunnel statt, sondern fast so bequem wie zu Hause. Kostenloses Extra ist die gute Sicht nach draußen, insbesondere nach vorne, während der tote Winkel sorgfältig mit guten Spiegeln sichtbar gemacht werden muss.

Der Magnum mit seinem geräumigen Führerhaus ist das Spitzenmodell von RVI.

Renault spendiert den Magnum als Spitzenmotorisierung 12,8-Liter-Motoren mit 460 respektive sogar 500 PS Nennleistung. Das 16-stufige Getriebe von ZF musste entsprechend dem hohen Drehmoment in einer stärkeren Version geordert werden, um die Motorkraft nach hinten weiter leiten zu können. Deutlich wird auf dem Bild die horizontale Trennung in Technik (unten) und Bedienung (oben), auch einer Kommandobrücke vergleichbar. Auffallend ist auch die weit vorne angesetzte Vorderachse ähnlich amerikanischen Frontlenkern. Das birgt allerdings die Gefahr, die mögliche Achslast nicht voll nutzen zu können und andererseits das zulässige Gesamtgewicht von 18 Tonnen nicht zu erreichen.

Ein weiterer Vorteil des Konzepts ist: Selbst bei hohen Aufbauten und Aufliegern ist nur noch ein kleiner Spoiler erforderlich. Auch die untere Abschlussschürze trägt zu einem Frontlenker bei, der in seiner Gesamtheit beim Luftwiderstand entscheidend optimiert wurde und ordentliche Werten aufweist.

MAGNUM 460.18	
Motor	DXi 13
Leistung	460 PS/339 kW
Drehmoment	2.300 Nm
Getriebe	ZF 16 S 2320 TD
Radstand	4.120 mm
Fahrerhaus	Magnum
Gesamtgewicht	18 t
zul. Zuggewicht	40 t

RENAULT TRUCKS

Viehtransporter in Zentralfrankreich

Bei weitem nicht so häufig wie die Sattelzugmaschine ist der Magnum als zwei- und dreiachsiger LKW anzutreffen. Frankreich war schon immer das Land der Sattelzüge, Drehschemelanhänger wurden nur selten eingesetzt. Früher fand Fernverkehr mit Dreiachsern mit langer Ladebrücke statt, die selten einen Anhänger mitführten.

MAGNUM 500.18	
Motor	DXi 13
Leistung	500 PS/368 kW
Drehmoment	2.450 Nm
Getriebe	ZF 16 S 2520 TO
Radstand	4.120 mm
Fahrerhaus	Magnum
Gesamtgewicht	18 t
zul. Zuggewicht	40 t

Dieser Lastzug für den Transport von Lebendvieh wurde in Zentralfrankreich fotografiert. Er nimmt Jungvieh auf, um es zu einer Auktion zu bringen. Somit wird sich die Transportstrecke wohl in Grenzen halten. Moderne Viehtransportaufbauten sind allerdings mit ausgeklügelten Lüftungsanlagen und Einrichtungen zur Tränkung und Fütterung der transportierten Tiere ausgerüstet – leider sind noch nicht alle Transporter so modern ausgestatten.

Der auf dem Foto zu sehende Anhänger mit seiner kleineren Bereifung eignet sich für eine Doppelstockbeladung mit höhenverschiebbarem Zwischenboden, was die Lade-Kapazität zusätzlich erhöhen könnte, nicht aber bei diesem Tiertransport.

6x2-Fahrgestell des Magnum zum Beispiel für Wechselbrückenaufbau

Vorwiegend zum Transport von Containern und Wechselbrücken wird der Magnum dreiachsig mit liftbarer, einzelbereifter dritter Achse gebaut. Manchmal sind die erste und die dritte Achse mit breiterer Bereifung bestückt. Hier ist nur die Lenkachse mit den Breitreifen ausgerüstet. Bei der Vorderachse ist die erhöhte Achslast selten der Grund, man möchte vielmehr eine bessere Stabilität auf Autobahnen mit ausgefahrenen Spurrillen erreichen. Manche Fahrer meinen das zumindest, aber es soll ja auch schick aussehen. Derartige Versuche treten periodisch auf, zum Beispiel auch bei 6x4-Dreiachsern als Kipper oder Fahrmischer.

Den Magnum gibt es selbstverständlich auch in einer volllufgefederten Ausstattung. Das abgebildete Ausstellungsstück muss nur noch mit dem Wechselbrückenrahmen ergänzt werden und kann dann auf große Fahrt gehen.

MAGNUM 500.25	
Motor	R6LL
Leistung	500 PS/368 kW
Drehmoment	2.450 Nm
Getriebe	F 16 S 2520 TO
Radstand	4.420 mm
Fahrerhaus	Magnum
Gesamtgewicht	25 t
zul. Zuggewicht	40 t

Mit Kühlfracht unterwegs: Renault Midlum

Das schwedische Unternehmen besteht seit 1891 und baute neben Lastkraftwagen zeitweise auch Pkw und Eisenbahnwaggons. Der heutige Hauptsitz ist in Södertälje, südlich von Stockholm. Die bewegte Geschichte Scanias umfasste gute und schlechte Zeiten. Seit den 70er-Jahren gilt Scania bei uns als „King of the Road", einmal wegen der Motorenstärke der Fernlastwagen aus Mittelschweden, zum anderen aufgrund der Zuverlässigkeit und der modernen Motoren mit Turboaufladung. Hinzu kam der markante Sound der Scania-Sechs- und Achtzylinderaggregate. Scania-Lkw haben auch heute noch einen guten Ruf, und das nicht nur im Fernverkehr.

Die Produkte von Scania gehören der Klasse von 16 bis 40 Tonnen an, den leichten Lieferverkehr überlässt man anderen. Ende 2006 und bis ins Jahr 2007 kamen die Schweden in den Fokus der europäischen Wirtschaft, weil sich MAN an Scania interessiert zeigte, mit im Spiel natürlich auch Volkswagen mit seiner Nutzfahrzeug-Sparte.

Scania bietet Euro-4-Motoren ohne SCR-Technologie an, die erst für die Euro-5-Serie erforderlich wird. Als Besonderheit produziert der Hersteller den Turbocompound-Motor und bietet Bau- und Baunebengewerbe für deren Einsätze angepasste Fahrzeuge mit und ohne Allradantrieb. Die gesamte Fahrzeugpalette unterliegt einem strengen Komponentensystem, bei dem viele Gleichteile verwendet werden können.

In Deutschland ist der Stützpunkt von Scania in Koblenz am Rhein. Anfangs wurden die Geschäfte noch in Frankfurt dirigiert. Auf Grund der Scania-Produktpalette wurde in diesem Kapitel nicht nach Typenserien aufgeteilt, sondern nach Branchen und erst an zweiter Stelle nach Größen.

Bei Scania wurde das Armaturenbrett früh ergonomisch um den Fahrer herum gezogen.

Eine eher seltene Kombination: 4x4-Sattelzugmaschine mit dreiachsigem Kippauflieger

Deutlich sichtbar an der größeren Fahrgestellhöhe ist die angetriebene Vorderachse der R 420-Sattelzugmaschine. Das mittelhohe, lange Fahrerhaus bietet einigen Komfort, auch für den Nah- und Mittelstreckenverkehr. Der Reihensechszylinder als Turbocompound-Version hat zwei nacheinander geschaltete Turbolader. Während der ausgangsnahe Lader die Ansaugluft verdichtet und die Motorleistung damit bereits deutlich erhöht, gibt der zweite Lader seine Verdichtungskraft über ein Getriebe an die Kurbelwelle ab und legt die Grundlage für weitere Leistungsausbeute im Motor. Das System wurde Anfang der 90er-Jahre in die Serie eingeführt und hat sich bei Scania bewährt. Mit seiner Hilfe können auch die Euro-4-

Werte ohne die SCR-Technik erreicht werden.

Scania bietet für den Baustellenverkehr einen großen Teil der Fahrzeugtypen mit Allradantrieb an. Der allradgetriebene Lkw sowie die Zugmaschinen können mit allen bei den Schweden verfügbaren Motorleistungen ausgestattet werden.

R 420 4X4	
Motor	12 Liter R6 Turbocompound, Euro 4
Leistung	420 PS/309 kW
Drehmoment	2.100 Nm
Getriebe	8+1 o. 12+2, Opticruise optional
Radstand	3.550 mm
Fahrerhaus	CR19
Gesamtgewicht	18 t
zul. Zuggewicht	40 t

Die 6x4-Zugmaschine ist im Baubetrieb häufiger anzutreffen.

Der Motor dieser 6x4-Sattelzugmaschine unterscheidet sich lediglich in Leistung und Drehmoment von der 420-PS-Version. Die 6x4-Sattelzugmaschine wird für Baufahrzeugflotten gerne geordert, wenn mit ihr gelegentliche Sattel-Tiefladetransporte durchgeführt werden müssen, die das Zuggesamtgewicht von 40 Tonnen deutlich überschreiten können. Dann sind auch verstärkte Achsen und ein stärkerer Rahmen fällig. Im Normalbetrieb wird die dreiachsige Zugmaschine mit einem zweiachsigen Kippauflieger kombiniert. Das kostet den Sattelzug im Vergleich zur oben beschriebenen 4x4-Zugmaschine mit dreiachsigem Auflieger bis zu etwa zwei Tonnen weniger Nutzlast, außerdem ist der Kippsattel im Gelände mit der zweiachsigen Zugmaschine im direkten Vergleich deutlich geländegängiger. Ohne Probleme kann das Fahrzeug auch mit den stärkeren V8-Motoren bestückt werden.

R 470 6X4	
Motor	12 Liter R6 Turbocompound, Euro 4
Leistung	470 PS/345 kW
Drehmoment	2.200 Nm
Getriebe	8+1 o. 12+2, Opticruise
Radstand	3.100/3.300 mm
Fahrerhaus	CR19
Gesamtgewicht	26 t
zul. Zuggewicht	40 t

Fahrmischer mit P-Haus in Schweden

Fahrmischer, die in der Regel solo unterwegs sind, werden seit jeher mit schwächeren Leistungsstufen der Motoren ausgerüstet. Bei den Fahrgestellen überwiegen in Deutschland der 6x4- und der 8x4-Fahrmischer. Im benachbarten Ausland und auch in Schweden leisten Fahrgestelle mit nur einer Antriebsachse ihren Dienst. In diesem Fall ist der Dreiachser sogar mit zwei Lenkachsen bestückt, mit der ersten und der dritten Achse wird gelenkt, was dem Fahrzeug eine exzellente Wendigkeit beschert. Dies ist gerade für enge Baustellen von großem Vorteil. Im Regelfall kann ein solcher Fahrmischer sechseinhalb Kubikmeter Beton je Fuhre transportieren. Wenn die Wer-

bung sieben oder gar acht Kubik Ladekapazität verspricht, wird außer Acht gelassen, wie schwer Fertigbeton wirklich ist – hinzu kommt schließlich auch noch der Wasservorrat.

Wer genau hinschaut, entdeckt die „310" für 310 PS an der Front des Scania.

P 310 6X2*4	
Motor	9 Liter R5, Euro 4
Leistung	310 PS/228 kW
Drehmoment	1.550 Nm
Getriebe	8+1, 12, 12+2, Opticruise
Radstand	3.900–5.900 mm
Fahrerhaus	CP19
Gesamtgewicht	26 t
zul. Zuggewicht	-

Der Vierachser schlägt sich erstaunlich gut im Gelände.

Der Vierachskipper von Scania, hier als 8x4-Ausführung mit kurzem R-Fahrerhaus und Meiller-Dreiseitenkipper, entspricht der hauptsächlich gewählten Variante für Vierachskipper. Der Aufbau kann bei Meiller auch mit Bordmatik geordert werden (vollhydraulische Seitenbordwand links), außerdem sind verschiedene Bordwandhöhen möglich.

Längs- und Quersperren im Doppelachs-Antriebsaggregat lassen hohe Geländegängigkeit trotz fehlenden Allradantriebs zu. Ein tatsächliches Kriterium der in der Praxis benötigten Geländegängigkeit ist die steile Rückwärtsfahrt bergauf mit dem leeren Fahrzeug. In dieser Situation neigen manche Vierachser zum „Trampeln", was so viel Traktionsverlust bedeutet, dass kein Fortkommen mehr ist. Die Situation kann dann nur mit Anlauf erfolgreich überwunden werden, sofern das überhaupt möglich ist. Scania bietet den Vierachser auch mit den höheren Leistungsstufen, auch mit V8-Motoren an.

R 420 8X4	
Motor	12 Liter R6 Turbocompound, Euro 4
Leistung	420 PS/309 kW
Drehmoment	2.100 Nm
Getriebe	8+1, 12+2, Opticruise
Radstand	4.300 / 4.500 mm
Fahrerhaus	CR16
Gesamtgewicht	32 t
zul. Zuggewicht	40 t

Scania bietet weite Teile seines Bauprogramms auch mit Allradantrieb an. Hier ein 6x6-Kipper.

Für schweres Gelände solo und mit Kippanhänger ist der 6x6-Scania-Kipper ausgelegt. Als universeller Dreiseitenkipper ist er ein Bau-Lkw für viele Fälle. Längssperren und Quersperren in allen drei Achsen lassen das Fahrzeug nur bei nicht ausreichender Traktion im Gelände zum Stehen kommen. Im Zugbetrieb bietet er in der Regel 23 bis 24 Tonnen Nutzlast, außerdem eignet sich der Dreiachser als Zugfahrzeug vor Tiefladern mit drei und vier Achsen und somit für maximal 31 Tonnen Nutzlast bei 40 Tonnen Anhängelast. Das Fahrzeug ist ein beliebter Kipper in kleineren und mittleren Erdbaubetrieben.

Der Standard-Aufbau als Dreiseitenkipper stammt in sehr vielen Fällen von Meiller, gerne wird die Brücke mit linksseitiger Bordmatik, der vollhydraulisch, vom Fahrerplatz aus zu bedienenden Seitenbordwand, ausgerüstet. Das halblange Fahrerhaus CR 16 ist bei Scania noch relativ neu. Es bietet im Nahverkehr ausreichende Staumöglichkeiten. Auf Wunsch bietet Scania hinter der echten Seitentür ein zusätzliches Fenster an, das den Rückblick nach rechts hinten erheblich verbessert.

R 420 6X6	
Motor	12 Liter R6 Turbocompound, Euro 4
Leistung	420 PS/309 kW
Drehmoment	2.100 Nm
Getriebe	8+1, 12+2, Opticruise
Radstand	3.550 mm
Fahrerhaus	CR16
Gesamtgewicht	26 t
zul. Zuggewicht	40 t

Schön wär's: Der 50-Tonnen-Kipperzug lässt sich mit handelsüblichen Fahrzeugen darstellen.

In fast allen Ländern Europas sind höhere Gesamtzuggewichte zugelassen als in Deutschland. Nur für den Container-Umschlagverkehr sind 44 Tonnen auf sechs Achsen zugelassen.

Ohne große technische Probleme ließe sich aus einem Vierachskipper in Kombination mit einem 18-Tonnen-Doppelachskipper der 50-Tonnen-Lastzug für Schüttgut auf sechs Achsen dar-

R 420 8X4 + 4X0	
Motor	12 Liter R6 Turbocompound, Euro 4
Leistung	420 PS/309 kW
Drehmoment	2.100 Nm
Getriebe	8+1, 12+2, Opticruise
Radstand	4.300 mm
Fahrerhaus	CR16
Gesamtgewicht	32 t
mögl. Zuggewicht	50 t

stellen. Erste Beispielrechnungen ergeben bei gleicher Transportleistung täglich eine Fahrteneinsparung von 20 bis 25 Prozent. Im Nachbarstaat Dänemark sind Kombinationen mit über 50 Tonnen Gesamtgewicht unterwegs, ebenso in den Niederlanden. Dort existieren auch Mehrachser-Solofahrzeuge mit mehr als 40 Tonnen Gesamtgewicht, die Schweiz hat 2005 einen fünfachsigen Solo-Lkw mit 40 Tonnen Gesamtgewicht legalisiert. In Deutschland ist solo bei 32 Tonnen, im Zugbetrieb bei 40 Tonnen Schluss. Die Diskussion ist noch im vollem Gange, auf den ersten Blick sticht das Argument der Über(be)lastung von Brücken. Die oben gezeigte Kombination bringt jedoch keine größeren Achslasten und keine engeren Achsabstände mit sich.

6x2/4 mit mittelhoher Kabine im Tankzug

Sattelzug mit isoliertem Aufbau

Die 18-Tonnen-Sattelzugmaschine mit langem und halbhohem Fahrerhaus gehört zu den Standardfahrzeugen im Fernverkehr. Technisch ausgereift und für den speziellen Einsatzzweck mit größerem oder kleinerem Tank für lange Etappen, mit Leichtmetallfelgen und mit weiteren Extras vor allem im Kabinenbereich ausgestattet, ist sie häufig zu sehen. Der hier mitgeführte Auflieger, ein Koffer mit vollständig in Sektionen zu öffnender Seitenwand, passt exakt in die vorgeschriebenen Maximalmaße: Zuglänge 16,5 Meter, Aufbaulänge 13,60 Meter.

Für jene, die bei dem Begriff „Opticruise" in der Zeile Getriebe stutzen: Damit bezeichnet Scania das automatisierte Schaltmanagement, mit dem man vollautomatisch fahren kann. Anders als bei den Systemen von Iveco, DAF und Renault muss jedoch zum Stehenbleiben und für's Anfahren die Kupplung mit dem Fuß betätigt werden. Opticruise wird seit fast zehn Jahren angeboten und hat sich bewährt.

R 420 4X2	
Motor	12 Liter R6 Turbocompound, Euro 4/5
Leistung	420 PS/309 kW
Drehmoment	2.100 Nm
Getriebe	8+1, 12, 12+2, Opticruise
Radstand	3.300–3.900 mm
Fahrerhaus	CR19 Highline
Gesamtgewicht	18 t
zul. Zuggewicht	40 t

Dachspoiler, Seitenwindabweiser und Aufliegerverkleidung dienen der Aerodynamik.

So sieht es aus, wenn ein Scania im Gegenverkehr auftaucht. Mit Highline-Fahrerhaus, der mittelhohen Version der Scania-Fernfahrerkabine und mit teilverkleidetem Kofferauflieger. Sowohl der Dachspoiler und die Seitenwindabweiser an den hinteren Fahrerhauskanten sowie die Aufliegerverkleidung dienen der Verringerung des Luftwiderstandes. Jenseits einer Geschwindigkeit von etwa 65 Stundenkilometern wird mit diesen Hilfsmitteln der Anstieg des Widerstands deutlich im Zaum gehalten, was zu deutlicher Kraftstoffersparnis führen kann, und zwar genau in jenem Geschwindigkeitsbereich, in dem auf Autobahnen und Schnellstraßen gefahren wird. Während die Aufliegerverkleidung auf der Autobahn und noch wirksamer mit verkleideten Hinterachsen nur Nutzen bringt, ist sie innerstädtisch und im Rangierverkehr insofern von Nachteil, als man sie bei Kurvenfahrt nicht so leicht sieht. Anfänger und ungeübte Fahrer, auch auf dem speziellen Zug nicht eingeschworene Leute, müssen den Spurlauf erst erkennen. Da radiert manchmal der Reifen sehr intensiv mit dem Randstein rechts oder der Verkehrsinsel in der Abzweigungsmitte.

R 420 4x2	
Motor	12 Liter R6 Turbocompound, Euro 4/5
Leistung	420 PS/309 kW
Drehmoment	2.100 Nm
Getriebe	8+1,12, 12+2, Opticruise
Radstand	3.300–3.900 mm
Fahrerhaus	CR19 Highline
Gesamtgewicht	18 t
zul. Zuggewicht	40 t

Schwedischer sechsachsiger Gliederzug mit seitlichen Türen

Schwedische Verhältnisse: Lastzüge ohne Längenbegrenzung mit sechs und sieben Achsen und mehr als 50 Tonnen Gesamtgewicht sind in Skandinavien alltäglich. Hier werden die starken Motoren der Scania-Lkw richtig gefordert. Der 470er-Scania mit der Achskonfiguration 6x2 zieht einen dreiachsigen Drehschemelanhänger mit langer Deichsel. Das zulässige Gesamtgewicht des Zuges steigt mit der Länge der Deichsel. Die Wechselaufbauten sind seitlich mit Klapptüren vollständig zu öffnen oder können als Ganzes abgesetzt beziehungsweise aufgenommen werden. Der gleiche Dreiachser kann auch mit einem vierachsigen Anhänger kombiniert werden.

Der Zug eignet sich vor allem für den Überland-Sammelverkehr mit mehreren Be- und Entladestellen und dazwischen liegender Fernstrecke. Der Anhänger weist eine etwas kleinere Bereifungsgröße als der Zugwagen auf, für die Leerfahrt der Lafette ist er mit einzelnen Halbschalenkotflügeln versehen.

R 470 6X2	
Motor	12 Liter R6 Turbocompound, Euro 4
Leistung	470 PS/309 kW
Drehmoment	2.200 Nm
Getriebe	8+1, 12, 12+2, Opticruise
Radstand	3.900–5.900 mm
Fahrerhaus	CR19 Highline
Gesamtgewicht	26 t
zul. Zuggewicht	40 t (liter >50 t)

Sattelzug mit Scania-V8-Motor und 560 PS

Drei Leistungsstufen bietet Scania beim V8-16-Liter-Motor an: 500, 560 und 620 PS mit Euro-4-Abgasnorm. Als dreiachsige Zugmaschine mit dreiachsigem Auflieger und Topline-Fahrerhaus verrichtet dieser Achtzylinder seine Arbeit mit 560 PS unter der Hütte. Die große Maschine erkennt man sofort am V mit „eingefüllter 8" unten links am Kühlergrill. Das Topline-Fahrerhaus hat die maximal mögliche Außenhöhe und ist bestens ausgestattet. Es dient sowohl im nationalen Fernverkehr, als auch international auf mehrtägigen Touren. Der Auflieger ist als Kühlfahrzeug mit Thermo-King-Kühlaggregat zu identifizieren. Temperaturen von deutlich unter 18°C (wie zum Beispiel bei Speiseeis) können im Inneren des Aufliegers erreicht werden. Der Kühlverkehr mit Terminfrachten ordert gerne sehr stark motorisierte Fahrzeuge, um das Fahrtziel pünktlich zu erreichen. Offensichtlich zieht er auf der Steigung allen davon, zeigt wer der „King of the Road" ist.

R 560 6X2	
Motor	16 Liter V8, Euro 4
Leistung	560 PS/412 kW
Drehmoment	2.700 Nm
Getriebe	12+2, Opticruise
Radstand	2.900/3.500 mm
Fahrerhaus	CR19 Topline
Gesamtgewicht	26 t
zul. Zuggewicht	>50 t

Das Spitzenmodell, der R 620, hat 620 PS.

Mit dem gewaltigen Drehmoment von 3.000 Newtonmeter tritt die Top-Motorisierung mit 620 Pferdestärken von Scania auf die Bühne. Vorgesehen für den schweren Holztransport, den Einsatz im 60-Tonnen-Zug und für den Terminverkehr, ist er nicht nur in Skandinavien, sondern auch in Mitteleuropa

R 620 4X2	
Motor	16 Liter V8, Euro 4
Leistung	620 PS/456 kW
Drehmoment	3.000 Nm
Getriebe	12+2, Opticruise
Radstand	3.300–3.900 mm
Fahrerhaus	CR19 Topline
Gesamtgewicht	18 t
zul. Zuggewicht	>50 t

oft zu sehen. Hier allerdings selten als dreiachsige Sattelzugmaschine. Noch vor wenigen Jahren hatte man Sorge, derart viel Kraft und Drehmoment auf eine einzelne Antriebsachse übertragen zu können, vor allem Scania und Volvo scheuen davon aber nicht mehr zurück.

Das Topline-Fahrerhaus macht den Dachspoiler überflüssig, ersetzt ihn durch ihr äußeres Format. Sowohl eine leistungsfähige Standheizung für arktische Winternächte als auch eine entsprechende Klimaanlage nicht nur für heiße Tage in Südeuropa bietet das große Fahrerhaus. Allerdings erhöhen beide Annehmlichkeiten den Energieverbrauch des Lastzuges.

Verteilerverkehr

Man könnte meinen, der Verteilerverkehr fände bei Scania nicht statt, da die Produktpalette erst bei 16 Tonnen Gesamtgewicht beginnt. Dabei ist Scania andernorts im „schweren Verteilerverkehr" mit einem eng gespannten Programm gut vertreten. Abgestimmt auf den Einsatzzweck bieten die Schweden das P-Fahrerhaus an, niedrig mit komfortablem Einstieg, mit niedriger oder normaler Fahrgestellhöhe, Blatt- oder Luftfederung mit zwei, drei und vier Achsen. Da die Fahrzeuge mehrheitlich solo unterwegs sind, fällt die Motorisierung in der Regel entsprechend niedriger aus. Der Neun-Liter-Motor wird mit 230, 270 und 310 PS angeboten, der Zwölf-Liter-Motor mit 340 sowie 380 PS.

Die Kofferaufbauten sind oft mit einer Ladebordwand am Heck kombiniert, die Innenräume durchwegs palettenbreit, also mindestens 2,44 Meter, so dass sie sich gut in die übliche Logistik einfügen.

Scania-Verteiler-Lkw mit P-Fahrerhaus

Die Scanias gibt es ab 15 Tonnen Gesamtgewicht.

Benjamin in der Scania-Flotte ist der „230er" mit 18 Tonnen Gesamtgewicht. Das vorwiegend im Verteilerverkehr im Solobetrieb vorgesehene Fahrzeug dient außerdem als Fahrgestell für Sonderaufbauten. Der Neun-Liter-Motor wird in drei Leistungsstufen angeboten nämlich mit 230, 270 und 310 PS. Hier handelt es sich um ein Modell mit seitlich zu öffnendem Kofferaufbau, der temperaturisoliert für die Lebensmittelverteilung eingesetzt wird.

Das P-Fahrerhaus erleichtert einerseits den häufigen Ein- und Ausstieg und schmälert andererseits nicht die kompakte Baulänge und Wendigkeit des Fahrzeugs insgesamt. Der Scania in dieser Größenklasse ergänzt in der Regel Flotten mit größeren Lastwagen aus Södertälje oder aus den Werken Zwolle/Niederlande und Anger/Frankreich. Die P 230 bis 310 treten in der Bundesrepublik in den Wettbewerb mit den schweren Eurocargo von Iveco und den Atego von Mercedes-Benz.

P 230 4X2	
Motor	9 Liter R5, Euro 4
Leistung	230 PS/169 kW
Drehmoment	1.050 Nm
Getriebe	6, 8, 8+1, 12, 12+2, Opticruise
Radstand	3.550–5.900 mm
Fahrerhaus	CP14
Gesamtgewicht	18 t
zul. Zuggewicht	-

Kofferfahrzeug mit seitlicher Beladung

Im Auftrag des europaweit operierenden Schenker-Konzerns ist dieser P 270 unterwegs, der mit einem Verteiler-Kofferaufbau ausgerüstet ist. Der Subunternehmer Västbo betreibt offensichtlich eine ganze Flotte dieser Scania-Modelle und wer genau hinschaut, erkennt am Heck des Scania im Hintergrund eine Ladebordwand.

Das mittellange P-Fahrerhaus CP16 lässt dem Fahrer gegenüber dem CP14 mehr Stauraum. Insgesamt bietet der 18-Tonner mit niedrigem Rahmen viel Bauhöhe und damit Volumen für den Koffer. Solo mit dem Fünfzylinder unterwegs, kommt der Verteilerlastwagen mit 270 PS gut voran.

Die abgedeckte Warntafel an der Front weist darauf hin, dass die Spedition Västbo auch Gefahrgut transportiert. Typisch für Skandinavien sind die oben ins Fahrerhaus integrierten Zusatzscheinwerfer, die dafür garantieren, dass sich die Lkw-Fahrer bereits aus großer Entfernung sehen und bei vereisten Straßen im Winter rechtzeitig reagieren können – falls nötig.

P 270 4X2	
Motor	9 Liter R5, Euro 4
Leistung	270 PS/198 kW
Drehmoment	1.250 Nm
Getriebe	6, 8, 8+1, 12, 12+2, Opticruise
Radstand	3.550–5.900 mm
Fahrerhaus	CP16
Gesamtgewicht	18 t
zul. Zuggewicht	-

Dreiachsiger Solowagen im Frischdienst

Aus der Obst-, Wein- und Gemüse-kammer Deutschlands transportiert dieser 420er-Scania mit Isolieraufbau Lebensmittel frisch vom Großhandel zum Weiterverkauf. Das CP19-Fahrer-haus ist mit einer Liege ausgestattet und nicht unbedingt für mehrtägige Touren geeignet. Der Aufbau stammt von Kögel in Ulm respektive Burten-bach im bayrischen Schwaben. Die Be-schriftung „FRC..." zeigt den nächsten fälligen Prüftermin für den Isolierkoffer-aufbau an. Isolierkoffer und Kühl-auflieger dürfen 2,6 Meter breit sein, während bei normalen Aufbauten bei 2,55 Meter maximaler Breite Schluss ist. Damit wird auch bei Isolieraufbau-ten der höchsten Kältestufe die Pa-lettenbreite im Inneren garantiert. Der blatt-/luftgefederte Dreiachser ist zur Angleichung an die Laderampenhöhe hinten hoch gestellt, insgesamt bietet er jedoch abgesenkt eine niedrige La-dekante. Die Motorleistung lässt da-rauf schließen, dass er im Zugbetrieb eingesetzt wird, um Städte im weiteren Umkreis von Mainz bis Mannheim und Saarbrücken bis Heilbronn anzufahren.

P 420 6X2*4	
Motor	12 Liter R6 Turbocompound, Euro 4/5
Leistung	420 PS/309 kW
Drehmoment	2.100 Nm
Getriebe	8+1, 12, 12+2, Opticruise
Radstand	3.900–5.900 mm
Fahrerhaus	CP19
Gesamtgewicht	26 t
zul. Zuggewicht	40 t

Die hintere Lenkachse macht den Dreiachser sehr wendig.

Dieser dreiachsige P 310 weist eine gelenkte dritte Achse auf, die ihn trotz des extrem langen Überhangs und des langen Radstands mit dem langen Aufbau sehr wendig macht. Bei engen Rangierfahrten werden so Achsen und Reifen weniger beansprucht als bei starren Doppelhinterachsen.

Der Aufbau ist mit seitlicher Schiebeplane ausgerüstet, die sich von vorne bis hinten aufziehen lässt. Der in Großbritannien eingesetzte Solo-Lkw ist rechtsgelenkt und wird uns kaum auf dem europäischen Kontinent begegnen. Die ländliche Umgebung lässt auf einen Einsatz auf typischen englischen schmalen Stra-ßen, die von Steinmauern eingegrenzt sind, schließen.

Mit dem 310-PS-Motor ist der Scania für 25 Tonnen Gesamtgewicht gut motorisiert, zumal ein Anhängerbetrieb nicht vorgesehen ist. Das gute Drehmoment sorgt für einen zügigen Vortrieb auch auf größeren Steigungen.

P 310 6x2*4	
Motor	9 Liter R5, Euro 4
Leistung	310 PS/228 kW
Drehmoment	1.550 Nm
Getriebe	8, 8+1, 12, 12+2, Opticruise
Radstand	3.900–5.900 mm
Fahrerhaus	CP19
Gesamtgewicht	25 t
zul. Zuggewicht	-

Schwedisches Paketfahrzeug in DHL-Diensten

Auch das mit der Deutschen Post ver-
wandte Unternehmen DHL fährt Scania. Der 18-Tonner ist für Paketsammel-
touren von Niederlassungen von DHL
ebenso geeignet wie für die Aus-

P 230 4X2	
Motor	9 Liter R5, Euro 4
Leistung	230 PS/169 kW
Drehmoment	1.050 Nm
Getriebe	6, 8, 8+1, 12, 12+2, Opticruise
Radstand	3.550–5.900 mm
Fahrerhaus	CP16
Gesamtgewicht	18 t
zul. Zuggewicht	-

lieferung größerer Frachtstücke. Das
mittellange P-Fahrerhaus bietet Platz
für Lieferscheine und Frachtbriefe, aber
auch für die Utensilien von Fahrer und
gegebenenfalls Beifahrer. Bei genauem
Hinschauen ist eine Ladebordwand am
Heck erkennbar. Zusammen mit der
oberen Heckklappe verschließt sie den
Koffer zuverlässig.

Zusätzlich kann das Fahrzeug über
die Seitenwand, die in Segmenten geöffnet werden kann, beladen werden.
Diese Ausstattung ist bei kombinierter
Liefer- und Sammeltour unbedingt erforderlich.

VOLVO

Der schwedische Fahrzeughersteller Volvo (lateinisch = „ich rolle") begann 1928, schon ein Jahr nach Firmengründung, Nutzfahrzeuge zu bauen. Der in Göteborg angesiedelte Industriebetrieb entwickelte sich zum zweitgrößten Nutzfahrzeughersteller der Welt nach DaimlerChrysler. Seit 2001 gehört die französische RVI (Renault Véhicules Industriels) zu Volvo, wobei vor allem Komponenten untereinander getauscht werden. Neben Nutzfahrzeugen baut Volvo Baumaschinen, Flugzeug-, Boots- und Industriemotoren.

Insbesondere die Schwerlastwagen waren und sind im internationalen Güterverkehr beim Fahrpersonal beliebt. Das angebotene Nutzfahrzeugprogramm besteht im wesentlichen aus den vier Baureihen FL, FE, FM und FH mit den Tonnagen:

FL	12–18 t	GZG bis 32 t
FE	18–26 t	GZG bis 44 t
FM	18–32 t	GZG bis über 100 t
FH	18–32 t	GZG bis über 100 t

Schweden kennt für Lastzüge nicht die 40-Tonnen-Grenze. Hier gibt es sogar siebenachsige Lastzüge mit bis zu 60 Tonnen Zuggewicht. Entsprechend hoch motorisiert stehen Triebwerke bis zu maximaler, serienmäßiger Motorleistung von Volvo mit 660 PS (485 kW)

Das gesamte Volvo-Programm von den Leichtlastwagen im wesentlichen auf einen Blick (von links): Volvo FH 16, FH, FM, FE und FL.

im Programm; Volvo bietet für seine Lastkraftwagen ausschließlich Sechszylinder-Reihenmotoren an. Diese in verschiedenen Hubraumklassen. Ohne Zweifel sticht der 16-Liter-Sechszylinder mit 16 Litern Hubraum und maximal 660 PS Motorleistung aus der gesamten europäischen Nutzfahrzeugwelt deutlich heraus, er ist derzeit der stärkste Serienmotor in Europa.

FL-Baureihe

Die leichten Volvo-LKW ab 11,9 Tonnen Gesamtgewicht sind der FL-Baureihe zuzuordnen, die bis 18 Tonnen Brutto auf die Waage bringt. Bis vor wenigen Jahren wurde dieses Segment etwas stiefmütterlich bedient, indem größere Typen einfach abgelastet wurden, indem sie andere Federn bekamen und mit einer kleiner dimensionierten Bereifung ausgerüstet wurden. Das zehrte deutlich an der Nutzlast. Damit galten sie zwar als besonders stabil und überlastungsfähig, für die Klasse der „echten" Zwölftonner waren sie jedoch zu schwer und damit zu unwirtschaftlich.

FL-Fahrgestell für Pritschen- und Kofferaufbau

Das FL-Fahrgestell gibt es in unterschiedlichen Längen, mit unterschiedlichen Radständen mit zwei Rahmenhöhen und zwei Motorisierungen. Dazu bieten die Schweden drei verschiedene Fahrerhäuser an, kurz, mittel und Mannschaftsfahrerhaus, letzteres deutet auf den Einsatz als Möbeltransport oder Abschleppwagen hin.

Das Gesamtgewicht reicht von zwölf bis 18 Tonnen. Der FL wird überwiegend im Nah- und Verteilerverkehr eingesetzt, des weiteren für den Expressgut- und Möbelverkehr. Entsprechend gibt es blattfeder-, blatt-/luft- und vollluftgefederte Fahrgestelle.

Auch die Achsen sind abhängig von der Belastung unterschiedlich stark dimensioniert. Die Antriebsachsen schließlich werden abhängig vom möglichen Gesamtzuggewicht ausgeführt.

FL-FAHRGESTELL	
Motor	D 7E
Leistung	240–280 PS/177–206 kW
Drehmoment	920 Nm
Getriebe	6 oder 9 Gänge
	sowie Schaltautomat m. Schnellstufe
Radstand	3.070–6.800 mm
Fahrerhaus	kurz
Gesamtgewicht	12 t
zul. Zuggewicht	25 t

Überall anzutreffen ist der Volvo FL im Verteilerverkehr.

Bei Volvo gehört dieser Verteiler-Lkw auf jeden Fall in die Klasse der Leichtfahrzeuge. Zur kompletten Ausrüstung speziell für den Kurzstrecken- und Verteilerverkehr bietet Volvo für den 12-Tonner der FL-Serie das Paket Citipro an.

FL, 12 TONNEN	
Motor	D 7E
Leistung	240–280 PS/177–206 kW
Drehmoment	920 Nm
Getriebe	6 Gänge
	sowie Schaltautomat m. Schnellstufe
Radstand	4.700–5.600 mm
Fahrerhaus	kurz
Gesamtgewicht	12 t
zul. Zuggewicht	-

Es umfasst einen Kofferaufbau mit Ladebordwand. Die Gesamtlänge des Fahrzeugs ist 8,53 oder 9,13 Meter. Der Lkw wird ab Werk in einer Auswahl von sechs Farben geliefert, Metallic-Lackierungen sind jedoch ausgeschlossen. Zuzüglich bietet Volvo Komplettpakete mit Fahrzeugfinanzierung und Wartungsvertrag für den Citipro an. Der Citipro ist ein echter Volvo FL, dessen Komplettpaket sich einerseits für den Werkverkehr anbietet, ebenso für größere Flottenbetriebe im Lieferverkehr. Derartige Spezifikationen werden auch von anderen Lkw-Herstellern angeboten, teilweise mit bestimmten Aufbauherstellern. Der FL-Citipro ist bewusst als Solofahrzeug konzipiert worden.

Leichtes Müllfahrzeug

Für den Kommunalbetrieb, hier für einen Müllwagen, liefert Volvo entsprechend modifizierte Fahrgestelle. Zum einen sind sie mit einem Nebenantrieb ausgeführt, in diesem Fall ist er kupplungsabhängig. Das heißt, der Antrieb für Müllaufnahme entweder mit Trommel oder als Pressmüllaufbau wird vom Fahrer eingeschaltet, wobei er zum Schalten kuppeln muss.

Der Nebenantrieb ist am Getriebe angeflanscht. Volvo bietet aber auch einen kupplungsunabhängigen Nebenantrieb an. Die Fahrgestelle sind auf den Aufbau abgestimmt: Neben Länge und Höhe des Aufbauraums sind Tank und Luftbehälter bereits exakt so platziert, dass sie nicht mit dem Aufbau und dessen Befestigungselementen kollidieren können.

Das Fahrzeug kann auch mit 240 PS geliefert werden, was nur bei ebener Topographie im Einsatzgebiet empfehlenswert ist. Die Vorrüstung für den Kommunalbetrieb wird auch für Kehrmaschinen, hier hält Volvo den speziellen Radstand 3,35 Meter bereit, für Krankipper und für Fahrzeuge mit hydraulischem Aufbauwechselsystem genutzt.

FL, 16 TONNEN	
Motor	D 7E
Leistung	280 PS/206 kW
Drehmoment	1.050 Nm
Getriebe	9 Gänge
	sowie Schaltautomat m. Schnellstufe
Radstand	3.070–3.800 mm
Fahrerhaus	kurz/Kommunal
Gesamtgewicht	16 t
zul. Zuggewicht	-

Abrollkipper

Zweiachs-Kipper ebenso wie zweiachsige Fahrzeuge mit Abrollkippaufbau gehören zur Baufahrzeugszene und sind im alltäglichen Nah- und Regionalverkehr häufig anzutreffen. Der FL wird hierfür mit bis zu 18 Tonnen Gesamtgewicht angeboten. In der Abbildung handelt es sich um einen Abrollkippaufbau. Dabei kann die Kippbrücke nach hinten vollständig abgesetzt werden. Außerdem ist es möglich, unterschiedliche Abrollbehälter aufzunehmen. Je nach Behälter kann die Nutzlast bis zu zehn Tonnen betragen. Die Motorleistung mit 280 PS ist ausreichend, um gelegentlich einen Anhänger vor allem im Regionalverkehr mitzunehmen. Da selten über längere Strecken schnell gefahren werden muss, kann die Übersetzung so gewählt werden, dass bereits in unteren Drehzahlbereichen und niedrigen Geschwindigkeiten viel Kraft und Drehmoment vorhanden sind. Der FL in dieser Ausführung mit relativ kurzem Radstand ist außerdem sehr wendig.

FL, 18 TONNEN	
Motor	D 7E
Leistung	280/206 kW
Drehmoment	1.050 Nm
Getriebe	6 oder 9 Gänge
Radstand	3.250–3.800 mm
Fahrerhaus	Standard
Gesamtgewicht	18 t
zul. Zuggewicht	32,5 t

FE-Baureihe

Die FE-Baureihe ist eigentlich ein Spezialbereich der FL- und FM-Serie. Wesentliche Komponenten stammen vom Volvo FM, einige Details sind vom FL übernommen. Dennoch ist die auf 18 und 26 Tonnen Gesamtgewicht beschränkte Baureihe sinnvoll, wenn man den vorwiegend möglichen Einsatzbereich berücksichtigt: Schwerer

Windleitblech am Volvo FE

Nahverkehr in teilweise beengten Verhältnissen, unter anderem im innerstädtischen Sammel- und Verteilerverkehr. Hierzu gehört auch der Baustellenverkehr. Das Fahrerhaus ist nur 2,3 Meter breit, ansonsten gibt es keine breit ausladenden Teile am FE. Es gibt nur ein Standardfahrgestell mit niedrigem oder hohem Rahmen. Für den Volvo FE stehen drei Fahrerhäuser zur Verfügung: kurz, mittellang und lang. Das lange Fahrerhaus ist ein Fernverkehrsfahrerhaus mit einer Liege.

Volvo hat sechs verschiedene Anwendungsgebiete für den FE vorgesehen, auf die das gesamte Konzept abgestellt ist: Fahrgestelle mit 18 Tonnen Gesamtgewicht für diverse Aufbauten, Kippaufbau 4x2 und als Entsorgungsfahrzeuge, für den Dreiachser mit 26 Tonnen Gesamtgewicht Fahrgestell, Kippaufbau 6x2 und Kippaufbau 6x4.

Und wer sich über einen Dreiachskipper mit nur einer Antriebsachse wundert, dem sei verraten, dass dies mit den geologischen und saisonalen Wettergegebenheiten in Skandinavien zusammenhängt. Selbst Holztransporter mit 60 Tonnen Gesamtzuggewicht kommen hier mit einer einzigen Antriebsachse aus, denn während der Saison ist der Boden gefroren. Somit wird Traktion vom Gewicht auf der Antriebsachse erzeugt. Bei aufgeweichten Böden im Frühjahr werden keine Arbeiten mit Off-Road-Anteilen ausgeführt oder von den wenigen, ebenfalls verfügbaren, Allradfahrzeugen übernommen.

Schweres FE-Fahrgestell für unterschiedliche Aufbauten

Klar und aufgeräumt stellt sich das 6x2-Fahrgestell des Volvo FE dar. Dafür stehen 13 unterschiedliche Radstände zur Verfügung.

Auffällig an diesem FE sind die breiten Reifen auf der Vorderachse. Damit versucht man, Spurrillen auf der Autobahn auszuweichen und im Rangierverkehr weniger Reibungsverluste zur Kurveninnenseite zu vermeiden, den Lkw wendiger zu machen. Dass diese Pneus allerdings auf einem 6x2-Dreiachser montiert sind, dessen letzte Achse kaum zum Starrsinn im Rangierbetrieb beiträgt, scheint optischen Bedürfnissen geschuldet. Je nach Fahrgestelllänge und Radstand lassen sich Pritschen-, Koffer- oder Kippaufbauten darauf platzieren, fallweise auch mit Ladekran sowie diverse Sonderaufbauten. Dafür stehen für den FE auch verschiedene Abtriebsmöglichkeiten für Nebenantriebe wie Fahrmischer oder Müllsammelfahrzeug zur Verfügung. Der Volvo FE steht nicht allein als Transportmittel, sondern auch mit Zusatzfunktionen im Angebot.

FE-FAHRGESTELL	
Motor	D 7E
Leistung	240 PS/177 kW, 280 PS/206 kW 320 PS/235 kW
Drehmoment	920 Nm/1.050 Nm/1.200 Nm
Getriebe	6 oder 9 Gänge
Radstand	3.500–6.450 mm
Fahrerhaus	lang
Gesamtgewicht	18 t/26 t
zul. Zuggewicht	32 t/44 t

Ausnahmsweise ein Blick ins Kabineninnere des Volvo. Es handelt sich um das mittellange Fahrerhaus, das so genannte Komfortfahrerhaus. Der Blick auf den Fahrerplatz stellt sich bei allen Volvo in seinen Grundzügen gleich dar: Rechts neben dem Fahrer vorne ist der Schaltknüppel, der zeigt, dass es sich in diesem Fall um ein Fahrzeug mit normalem Schaltgetriebe handelt, dahinter der Bedienhebel für die Feststellbremse. In die erkennbare Dachkonsole ist zum Beispiel das Radio eingelassen, aber auch für Tachographen und die On-Board-Unit (OBU) ist dort Platz. Sie dient zur Erfassung der Autobahngebühren in Deutschland, das österreichische System kommt mit einem Kästchen von der Größe einer Zigarettenschachtel aus. Bald sollen alle LKW in Deutsschland eine OBU zur elektronischen Abbuchung der Maut haben. Dann könnte die Maut nach Zeit und Ort gestaffelt erhoben werden. Höhere Gebühren könnten dann an Knotenpunkten zu Stoßzeiten fällig werden.

Der moderne Arbeitsplatz des Fahrers in der FE-Kabine

FE mit Hinterkippaufbau

Dieser Volvo FE ist konsequent als drei-achsiger Solokipper mit Hinterkippauf-bau ausgelegt. Die zwei angetriebenen Hinterachsen geben ihm eine ausrei-chende Geländegängigkeit, zumindest auf unbefestigten Wegen kann er sich ausreichend bewegen. Das mittellange

FE, 26 TONNEN	
Motor	D 7E
Leistung	240 PS/177 kW, 280 PS/206 kW
	320 PS/235 kW
Drehmoment	920 Nm/1.050 Nm/1.200 Nm
Getriebe	6 oder 9 Gänge
Radstand	3.200–5.500 mm
Fahrerhaus	mittellang
Gesamtgewicht	26 t
zul. Zuggewicht	32 t/44 t

Fahrerhaus ist nicht unbedingt für den entsprechenden Einsatz erforderlich, entspricht jedoch vielfach dem Fahrer-wunsch. Neben hoher Motorleistung wird häufig eine große Kabine mit jeder Menge Aufbewahrungsfächern geor-dert. Bei bestimmten Kippereinsätzen, zum Beispiel dem Transport von Misch-gut mit größeren zwischenzeitlichen Wartezeiten, kann ein Fahrerhaus mit Schlafliege auch sinnvoll sein.

Für den dreiachsigen Solokipper bietet sich die Hinterkippmulde an, da sie gegenüber einem Dreiseitenkipp-aufbau deutlich leichter ist. Mühelos lassen sich für ein Dreiachsfahrzeug so mehr als 15 Tonnen Nutzlast errei-chen.

Volvo 6x2 FE für den schweren Verteilerverkehr

branche. Die Motorleistung dieser Verteilerautos richtet sich vernünftigerweise nach der Topographie, in der das Fahrzeug eingesetzt werden soll.

Das Fahrgestell mit 6x2-Achsanordnung und liftbarer dritter Achse, die einzelbereift ist, bietet in der Basis große Nutzlast an. Eine gelenkte Nachlaufachse ist möglich und erhöht die Wendigkeit des Fahrzeugs. Generell ist das niedrig gehaltene FE-Fahrerhaus mit seinem bequemen Einstieg für den Verteilerverkehr prädestiniert. Hinzu kommen leicht zu installierende Ablagen in der Kabine für den hier anfallenden „Papierkram".

In der Ausführung als 6x2-Fahrgestell mit Kofferaufbau ist der Volvo FE bestens für den schweren Verteilerverkehr auf mittellangen Strecken geeignet. Meist ist der Kofferaufbau mit einer Ladebordwand kombiniert. Beim Kofferaufbau sind bezüglich der Länge, der Gesamthöhe und der Türenkombination kaum Grenzen gesetzt. In der Regel richtet sich die Masse nach halbwegs genormten Transportbehältern, beispielsweise der Lebensmittel-

FE, 26 TONNEN	
Motor	D 7E
Leistung	240/280/320 PS
Drehmoment	920/1.050/1.200 Nm
Getriebe	6 oder 9 Gänge
Radstand	3.200–6.800 mm
Fahrerhaus	lang
Gesamtgewicht	26 t
zul. Zuggewicht	32–44 t

Zweiachser-Verteiler für seitliche Beladung

Für Einsätze mit weniger Frachtaufkommen wird der FE als Zweiachser mit Kofferaufbau eingesetzt. An der Aufteilung der Aufbauseite mit mehreren Türen kann auf temperaturgeführte Transporte mit unterschiedlich zu behandelndem Ladegut geschlossen werden. Das Kühlgerät ist in diesem Fall vom Fahrmotor über einen Nebenabtrieb an-

FE, 18 TONNEN	
Motor	D 7E
Leistung	240 PS/177 kW, 280 PS/206 kW
Drehmoment	920 Nm/1.050 Nm
Getriebe	6 oder 9 Gänge
Radstand	3.500–6.800 mm
Fahrerhaus	kurz
Gesamtgewicht	18 t
zul. Zuggewicht	32 t

getrieben und ist am Rahmen zwischen den Achsen platziert. Ansonsten ist der Volvo FE mit 18 Tonnen Gesamtgewicht weitgehend übereinstimmend mit dem dreiachsigen Bruder zu haben. Gelegentlich kann man ihn in Mitteleuropa mit zweiachsigem Anhänger antreffen, eher jedoch mit einachsigem Sattelauflieger, dessen Achse gelenkt ist. Bei 28 Tonnen Zuggewicht stellt diese Ausführung eine sehr wendige Kombination dar, der als Klassiker im Lebensmittelverteilerverkehr gilt. Gegenüber Solofahrzeugen bietet der kleine Sattelzug mehr Ladevolumen und gegenüber einem Dreiachser auch noch etwas mehr Nutzlast. Außerdem kann mit Sattelzügen und Wechselverkehr die Zugmaschine bestens ausgelastet werden.

Volvo-Selbstlader mit großer Reichweite des Krans

Zu den klassischen Solofahrzeugen im Nahverkehr gehört der Krankipper, auch Selbstlader genannt. Dieser Volvo FE ist mit einem relativ großen Kran zwischen Fahrerhaus und Dreiseiten-Kippbrücke ausgerüstet. Es dürfte Kopfschmerzen bereitet haben, ob die mögliche Vorderachslast dafür ausreichend ist, abgesehen davon, dass ein Kran dieser Größe bis zu 1,5 Tonnen Gewicht haben kann, was von der Nutzlast voll abzuziehen ist. Die Trommel am Kran deutet auf mehrere hydraulische Ausschübe hin, was auf eine große Reichweite des Krans schließen lässt.

Das Fahrzeug dürfte mit dieser Spezifikation weniger als Selbstlader mit Greiferbetrieb eingesetzt werden, sondern zum Transport und teilweise der Montage beispielsweise von Maschinen- und Anlagenteilen. Die Kipperfunktion wird hierbei eher selten genutzt.

Die Möglichkeit des Anhängerbetriebes wird meist mit Spezialanhängern genutzt: Für Strommasten, mobilen Aggregaten und kleinen Tiefladeanhängern. In dieser Form ist der Volvo FE ein typisches Fahrzeug in Skandinavien, während er in Mitteleuropa meist als allradgetriebener Kipper eingesetzt wird.

FE, 18 TONNEN	
Motor	D 7E
Leistung	240 PS/177 kW, 280 PS/206 kW
Drehmoment	920 Nm/1.050 Nm
Getriebe	6 oder 9 Gänge
Radstand	3.500–4.300 mm
Fahrerhaus	kurz
Gesamtgewicht	18 t
zul. Zuggewicht	32 t

FM-Baureihe

Ursprünglich als klare mittlere Baureihe zwischen den leichten FL und dem eher für den Fernverkehr gedachten FH angesiedelt, hat sich das Gewicht der FM 9 und FM 12 ein wenig nach oben verschoben und deckt jetzt das Segment des mittelschweren Fernverkehrs im Tageseinsatz und des schweren Baustellenverkehrs ab. Die Motorenpalette reicht weit in die des FH hinein, die Fahrgestellkomponenten stimmen ebenfalls mit vielen Elementen des FH überein. Damit wird die FM-Reihe zum Volumenträger im Volvo-Programm. Auch die wesentlichen Sicherheits- und Komfortkomponenten sind beim Kauf eines FM zu ordern. Bis auf ein absolut für den Langstreckenverkehr ausgelegtes Fahrerhaus und den 16-Liter-Motor im FH 16 lässt sich ein FM komplett ausstatten. Auf der anderen Seite bietet die Baureihe FM das breit gestaffelte Angebot für den alltäglichen Verkehr ab 18 Tonnen inklusive Allrad- und Spezialfahrgestellen. Die FM-Serie gibt es als Zwei- und Dreiachser auch mit Allradantrieb.

Nur eine kleine Lücke bleibt zwischen Kabine und Aufbau an diesem FM.

Globetrotter-Haus an einem FM

nötigt. Die Globetrotter-Serie ist die Kabine mit dem größten Innenraum und wird im Langstreckenverkehr eingesetzt, wegen der abgesenkten Gesamthöhe wird innen nur eine eingeschränkte Stehhöhe erreicht.

Je nach Einsatzzweck und möglichen Gesamtgewichten sowie gewählter Motorstärke stehen mehrere Getriebe- und Achsübersetzungen zur Wahl, womit mögliche Höchstgeschwindigkeit und Motordrehzahl im hauptsächlichen Geschwindigkeitsbereich definiert werden.

Die FM-Serie ist ein umfangreiches Baukastensystem für sich. Es würde den Rahmen dieses Buches sprengen, zum Beispiel alle möglichen Radstandsgrößen für Sattelzugmaschinen, Fahrgestelle und Achszahlen aufzuzählen. All das kann mit sechs verschiedenen Motorleistungen und zahlreichen Achsübersetzungen kombiniert werden. Hinzu kommen vier verschiedene Fahrerhäuser und unterschiedliche Rahmenhöhen. Alle Varianten sind auf praktische Zwecke ausgerichtet, das abgeflachte Fahrerhaus wird zum Beispiel für Autotransporter be-

FM, 18 TONNEN	
Motor	D 9B, D 13A
Leistung	300–380 PS/225–280 kW
	400–480 PS/294–353 kW
Drehmoment	1.500–1.700 Nm
	2.000–2.400 Nm
Getriebe	je nach Ausführung 5 bis 14 Gänge
Radstand	je nach Ausführung
Fahrerhaus	kurz, lang, lang abgesenkt,
	Globetrotter
Gesamtgewicht	18–32 t
zul. Zuggewicht	40 (44) t

Vierachs-Kipper aus der FM-Serie

Der klassische Vierachs-Hinterkipper kann mit der gesamten Motorenpalette der Neun- und Zwölf-Liter-Aggregate

FM, 32 TONNEN	
Motor	D 9B, D 13A
Leistung	300–480 PS/225–353 kW
Drehmoment	1.500–2.400 Nm
Getriebe	I-Shift: 12 Gänge
D9B: Handschaltgetriebe 9 oder 14 Gänge	
Powertronic: 5 oder 6 Gänge	
D13A: Handschaltgetriebe 14 Gänge	
Radstand	diverse
Fahrerhaus	Standard
Gesamtgewicht	32 t
zul. Zuggewicht	40 t

ausgerüstet werden. Wahlweise steht das I-Shift, ein automatisiertes Schaltgetriebe, ein mechanisches Getriebe und die Powertronic, ein konservatives Wandlergetriebe für Sondereinsätze, zur Verfügung.

Dieser Vierachser ist in seiner Grundform, mit kurzem Fahrerhaus und Hinterkippmulde ein Klassiker im Baustellenverkehr. Typisch skandinavisch ist jedoch die Antriebsformel 8x2/4, das heißt mit nur einer Antriebsachse und zwei gelenkten Vorderachsen, was auf Wetter und Untergrund in Schweden, Norwegen und auch Finnland zurück zu führen ist.

Schwedischer Fernzug mit sieben Achsen

Im nationalen schwedischen Verkehr wird der FM-Globetrotter als Dreiachser mit vierachsigem Anhänger mit bis zu 60 Tonnen Zuggewicht eingesetzt. Dabei halten die Schweden eine einzige Antriebsachse für ausreichend. Das I-Shift-Getriebe ist ein normales Zwölf-Gang-Getriebe, das dem Fahrer die Schaltarbeit nebst Ein- und Auskuppeln abnimmt.

Der Zugwagen wird bei uns mit Zweiachsanhänger auf die Reise geschickt, ansonsten stimmen die Eckdaten mit Fahrzeugen in Mitteleuropa überein. Motoren mit 380 bis 480 PS sowie neun und 13 Litern Hubraum können eingebaut werden.

Die 26 Tonnen Gesamtgewicht statt der für Dreiachser maximal erlaubten 26 Tonnen ergeben sich aus der luftgefederten einzelbereiften dritten Achse. Da der Anhänger technisch bis 18 Tonnen wiegen darf, werden trotzdem 40 Tonnen Zuggewicht in Deutschland erreicht. Während der abgebildete Zugwagen einen Wechselaufbau mitführt, handelt es sich beim vierachsigen Anhänger um einen festen Aufbau.

FM, 26 TONNEN	
Motor	D 13A
Leistung	400–480 PS/294–353 kW
Drehmoment	2.400 Nm
Getriebe	I-Shift
Radstand	3.400–6.000 mm
Fahrerhaus	Globetrotter
Gesamtgewicht	26 t
zul. Zuggewicht	60 t

Raffineriebetrieb mit dem Volvo FM

Was auf den ersten Blick unspektakulär aussieht, ist eine gewichtsoptimierte Sattelzugmaschine im Einsatz mit Tankauflieger. Bei derartigen, häufig auf unseren Autobahnen anzutreffenden Zügen geht es um jedes Kilogramm Nutzlast, deswegen werden sie mit möglichst wenig Leergewicht konzipiert. Relativ niedrige Motorleistungen bei leichteren Triebwerken, minimales Fahrerhaus für den Mittelstreckenverkehr und zahlreiche weitere Maßnahmen führen zu knapp sieben Tonnen Leergewicht für die fahrfertige Sattelzugmaschine. Mit einem entsprechenden Auflieger werden so Gesamtnutzlasten von über 28 Tonnen bei 40 Tonnen Gesamtgewicht erreicht.

Die Neun-Liter-Maschine von Volvo bietet bei kleinem Eigengewicht in ihrer maximalen Leistungseinstellung ausreichend Vortrieb für den Einsatzzweck. Als reines Straßenfahrzeug sind keine Zusatzausstattungen erforderlich, eine Gefahrgut-Schutzausrüstung ist ab Werk zu haben. Tankzüge verkehren zwischen Raffinerie und Tankstelle und als Lieferfahrzeug für Großabnehmer.

FM, 18 TONNEN	
Motor	D 9B
Leistung	300–380 PS/221–279 kW
Drehmoment	1.700 Nm
Getriebe	I-Shift
Radstand	3.500+3.800 mm
Fahrerhaus	lang
Gesamtgewicht	18 t
zul. Zuggewicht	40 t

FH-Baureihe

Das Flaggschiff von Volvo und der Traum vieler Fernfahrer ist der FH. Mit dem 13-Liter-Motor bis 520 PS Motorleistung handelt es sich um den FH (400/440/480/520 PS), mit Motorleistungen von 540, 580 oder 660 PS aus 16 Litern Hubraum um den FH 16. Mit der hier verfügbaren Leistung handelt es sich um den stärksten serienmäßigen Motor auf Europas Straßen.

Entsprechend liest sich auch die sonstige Ausrüstung: vier verschiedene Fahrerhäuser mit dem Typ Globetrotter XL als Topmodell und fast schon luxuriöser Innenausstattung, in dem zwei Personen komfortabel übernachten können und im gesamten Fahrerhaus aufrecht stehen können.

Traditionell kommen die stärksten europäischen Lkw aus Schweden, zeitweise von Scania (King of the Road), derzeit aus dem Hause Volvo. Das Drehmoment von 3.100 Newtonmeter ist die reine Wucht. Es erlaubt, mit einem voll beladenen 40-Tonnen-Zug mit 80 Kilometer pro Stunde Steigungen von über zwei Prozent (deutlich sichtbare Autobahnsteigung) ohne Schaltvorgang zu meistern. Damit sind die beiden FH-16-Varianten mit 580 und 660 PS prädestiniert für die skandinavischen 60-Tonnen-Züge auf sieben Achsen.

FH unterwegs auf städtischen Straßen

Europas stärkster Lastkraftwagen: der FH 16

Absolutes Flaggschiff der Volvo-Lkw-Produktion ist der Volvo FH 16 mit 660 PS und 3.100 Newtonmeter Drehmoment. Die Ausstattung ist in allen Komponenten optimiert, „Volvo Engine Brake" und Hydroretarder sind selbstverständlich. Für 60-Tonnen-Züge, internationalen europäischen Fernverkehr mit Terminfracht und als Dreiachser für den Schwerguttransport vorgesehen, steht der FH 16 natürlich auch auf der Wunschliste der Truckfans. Volvo gelingt es mit der D16-Maschine in ihren diversen Entwicklungsstufen seit etwa 15 Jahren die Leistungsspitze zu behaupten und in vielen Köpfen zum Kultfahrzeug zu avancieren.

Vernünftig wird das Fahrzeug überall dort eingesetzt, wo seine hohen Spitzenleistungen auch gebraucht werden. Denn auch, wenn die Maschine gemessen an der Leistung sparsam mit dem Kraftstoff umgeht, bei Unterforderung ist das Ergebnis immer noch über der des 150 bis 200 PS schwächeren FH anzusiedeln. Auch das erreichbare Leergewicht lässt die maximale Nutzlast schrumpfen, da der gesamte Antriebsstrang den auftretenden Kräften entsprechend dimensioniert ist.

FH 16	
Motor	D 16E
Leistung	660, 580, 540 PS/485, 427, 397 kW
Drehmoment	3100, 2800, 2600 Nm
Getriebe	12 Gänge, I-Shift
Radstand	3.500–3.800 mm
Fahrerhaus	Globetrotter/Globetrotter XL
Gesamtgewicht	18 t
zul. Zuggewicht	40 (60) t

Der klassische schwedische Holztransporter

In Skandinavien, aber auch in den Niederlanden, sind solche Lastzüge nichts Ungewöhnliches. Mit großem Leistungsüberschuss ausgerüstet, werden bei 60 Tonnen Zuggewicht hohe Durchschnittsgeschwindigkeiten auf Langstrecken erzielt, ohne die Betriebs- und Verkehrssicherheit zu gefährden. In Deutschland diskutiert man darüber, die Zuglänge zu erhöhen. Dafür spricht, dass mehr Ladevolumen pro Transporteinheit weniger Verkehr generiert. Bei durchdachter Achslasteinteilung beanspruchen solche Züge die Straßen nicht mehr als 60-Tonnen-Züge.

Mit starken Bremsen und leistungsstarkem Retarder ausgerüstet, stellt auch die wirksame Verzögerung des hohen Gesamtgewichts kein unlösbares Problem dar. Mit elektronischen Reifendruckwächtern ist die Gefahr eines unentdeckten Reifendefekts und damit verbundener Reifenbrandgefahr zu reduzieren.

FH 16	
Motor	D 16E
Leistung	660 PS/485 kW
Drehmoment	3.100 Nm
Getriebe	12 Gänge, I-Shift
Radstand	3.200–6.000 mm
Fahrerhaus	Globetrotter
Gesamtgewicht	26 t
zul. Zuggewicht	60 t

VOLVO

So ist der FH 16 auch in Zentraleuropa anzutreffen.

Üblicher Einsatz auf unseren Straßen ist der Sattelzug mit dreiachsigem Auflieger und 40 Tonnen Gesamtgewicht. Wird der Volvo nicht von Lkw-Überholverboten gebremst, garantiert die Ausstattung des FH 16 zügiges Vorankommen und hohe Tageskilometerleistungen. Der hier gezogene Auflieger ist nach der Zugmaschine gekröpft und als Tieflader ausgebildet. Die Planenhöhe sagt aus, dass überhohe Ladung befördert wird, die die regulär nutzbare Ladehöhe voll ausschöpft. Eine solche Kröpfung der Ladefläche hat die Bezeichnung Schwanenhals, international ist es ein „Goose-Neck", wörtlich übersetzt also ein Gänsegenick.

Da es sich bei den Ladegütern für diesen Zug um besondere Stücke handelt, die nicht mit Standardsattelzügen transportiert werden können, der Zug also schnell am nächsten Einsatzort sein soll, ist der starke FH 16 als Zugmaschine berechtigt.

FH 16	
Motor	D 16E
Leistung	660 PS/485 kW
Drehmoment	3.100 Nm
Getriebe	12 Gänge, I-Shift
Radstand	3.500–3.800 mm
Fahrerhaus	Globetrotter
Gesamtgewicht	18 t
zul. Zuggewicht	40 t (Standard)

Zum Vergleich: FH mit Normalkabine und FH 16 mit Globetrotter-Fahrerhaus

Gegenüber dem Globetrotter, der gerade überholt, zeichnet sich die geringere Kabinenhöhe des Baustellenfahrzeugs ab. Der FH bietet keine Superlative, ist jedoch ein leistungsfähiger Universal-Lkw, der in verschiedenen Spezifikationen für zahlreiche Einsätze geeignet ist. Als Vierachskipper ist er häufig mit 400 respektive 440 PS gerüstet. In Mitteleuropa tritt er meistens mit zwei angetriebenen Hinterachsen auf, wahlweise mit Dreiseitenkippaufbauten oder als Hinterkipper mit verschiedenen Querschnitten.

Die Zusatzscheinwerfer auf dem Dach des Kippers sind keine Verzierung, sondern haben einen praktischen Zweck. Unzureichendes Tageslicht in Skandinaviens Winterhalbjahr hat dazu geführt, dass ganztags mit Licht gefahren werden muss. Im Winter sind dort die Straßen mit hohen Schneehöhen gesäumt. Um den Gegenverkehr rechtzeitig erkennen zu können, dienen die Scheinwerfer auf dem Dach. Ein weiterer wichtiger Grund: Pkw-Fahrer blenden stets erst dann ab, wenn sie die Scheinwerfer eines Lkw sehen können. Die Lkw-Fahrer wollen aber nicht so lange geblendet werden.

FH	
Motor	D 13A
Leistung	400–520 PS/294–382 kW
Drehmoment	2.000–2.500 Nm
Getriebe	9/12 Gänge, I-Shift,
	6-Stufen Powertronic
Radstand	4.300–6.000 mm
Fahrerhaus	Standard
Gesamtgewicht	32 t
zul. Zuggewicht	40 t

Fertig zum Einsatz ist die Volvo-Flotte.

Aktueller Markt

Nach den Aufkäufen, Fusionen und Zusammenschlüssen der 60er-, 70er- und 80er-Jahre haben sich auf dem europäischen Nutzfahrzeugmarkt die Hersteller DAF, Iveco, MAN, Mercedes-Benz, Renault, Scania und Volvo als wichtigste Marken etabliert. Zwar hat sich die Szene etwas beruhigt, dennoch rumort es hin und wieder „unter der Decke". Mit Übernahmen und Zukäufen wollen sich die Konzerne als Global Player zukunftssicher am Markt positionieren.

Auch an anderer Stelle ist Bewegung aufgekommen: Schon immer wechselten erlaubte Maße und Gewichte der Einzelfahrzeuge wie der Lastzüge im Rahmen aktueller Gesetzte. Zuletzt Mitte der 80er-Jahre, als der Vierachser

EU-Maße für den Sattelzug

Gesamtsattelzuglänge: 16,5 m

Mitte Königszapfen bis Ende Aufflieger: 12 m

Vorderer Durchschwenkradius: 2,04 m

Ableitbare Maße: 13,6 m / 4,5 m

Bisheriger Standard: Aufsattelhöhe 1.250 mm

Neuer Standard: Euro-Aufsattelhöhe 1.100 mm

Volumen-Aufsattelhöhe 960 mm — 3 m

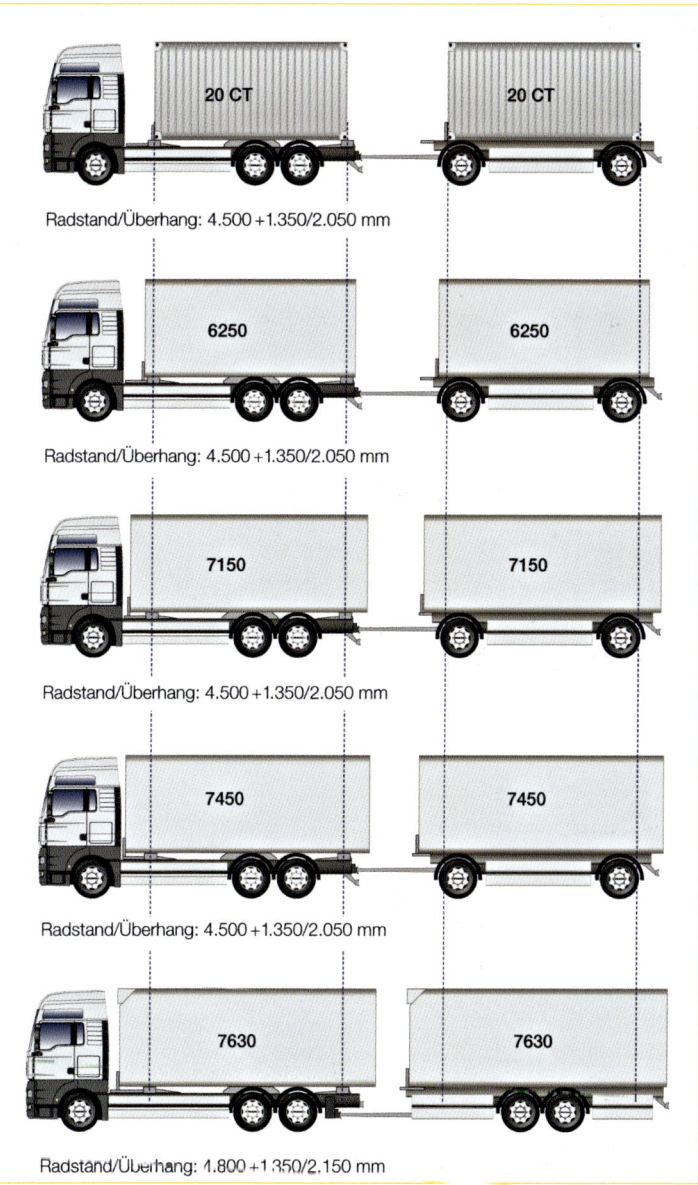

Radstand/Überhang: 4.500 +1.350/2.050 mm

Radstand/Überhang: 4.500 +1.350/2.050 mm

Radstand/Überhang: 4.500 +1.350/2.050 mm

Radstand/Überhang: 4.500 +1.350/2.050 mm

Radstand/Überhang: 4.800 +1.350/2.150 mm

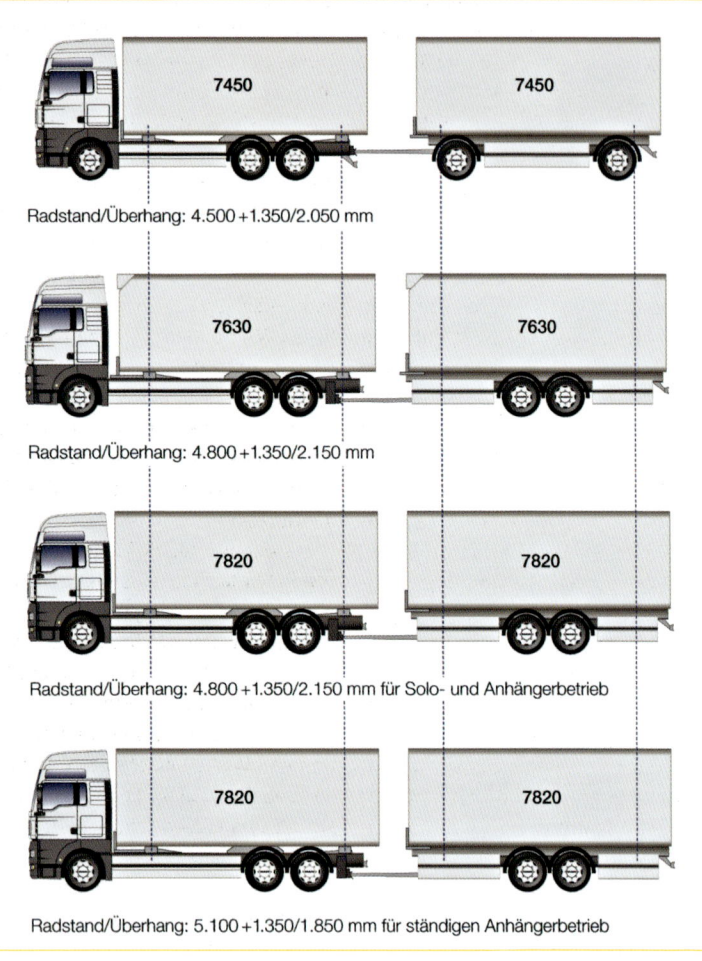

Radstand/Überhang: 4.500 + 1.350/2.050 mm

Radstand/Überhang: 4.800 + 1.350/2.150 mm

Radstand/Überhang: 4.800 + 1.350/2.150 mm für Solo- und Anhängerbetrieb

Radstand/Überhang: 5.100 + 1.350/1.850 mm für ständigen Anhängerbetrieb

mit 32 Tonnen Gesamtgewicht erlaubt wurde und das erlaubte Lastzuggewicht von 38 auf 40 Tonnen angehoben wurde. Dies gilt in der europäischen Union im internationalen Verkehr. National sehen die Gesetze teilweise deutlich andere Werte vor: In Skandina-vien sind Lastzüge mit bis zu 60 Tonnen Gesamtgewicht erlaubt, in den Niederlanden wird mit neuartigen Zugkombinationen experimentiert und in der Bundesrepublik fängt man ebenfalls an, über Züge mit bis zu 60 Tonnen nachzudenken. Die Italiener haben bei bestimmten Voraussetzungen und für öffentliche Bauvorhaben Vierachser und Sattelzüge mit bis zu 50 Tonnen Gesamtgewicht im Einsatz.

Gleiches gilt für die Fahrzeug- und Zuglängen. Spätestens seit sogenannte Großraumgliederzüge mit aufwändigem Kurzkuppelmechanismus zwischen Zugwagen und Anhänger von fast jedem namhaften Anhängerhersteller angeboten werden und die Fahrerkabinen immer kürzer, dafür mit Bett(en) im ersten Stock und entsprechend wenig Bewegungsfreiheit vorgestellt wurden, kam eine Einigung in der EU zustande: die Zuglänge sollte 18,75 Meter, die Sattelzuglänge 16,5 Meter betragen, wobei die Aufliegerlänge auf 13,6 Meter begrenzt wurde. Von jeher dürfen die Fahrzeuge maximal vier Meter hoch sein, was Transporteure von Baumaschinen und Mähdreschern vor Probleme stellen kann.

Nach langer Diskussion dürfen anerkannte Kühlfahrzeuge eine Außenbreite von 2,6 Metern haben, für andere Fahrzeuge ist bei 2,55 Metern Schluss. So wird mit 2,44 Metern Innenbreite die sogenannte „Palettenbreite" erreicht, bei der mit den 0,8x1,2 Meter großen Euro-Paletten die vorhandene Ladefläche optimal ausgenutzt wird.

Mit der Harmonisierung der EU-Richtlinien und -Gesetze musste in Deutschland das in weiten Zügen noch aus den 30er-Jahren stammende Güterkraftverkehrsgesetz radikal reformiert werden. Stück für Stück wurden

die Fernverkehrskonzessionen, ohne die kein Lastkraftwagen mit Ladung im Fernverkehr unterwegs sein durfte, abgeschafft. Eine wichtige und auch im Verkehr sichtbare Änderung des Gesetzes betrifft die Erlaubnis, auch gemietete Zugfahrzeuge einzusetzen. Während noch in den 80er-Jahren der Lkw im Besitz des Transportunternehmers sein musste, dürfen die Fahrzeuge jetzt auch in unterschiedlichen Mietformen betrieben werden. Daraus entstanden große Lkw-Mietfirmen und Flottenbetreiber, wie zum Beispiel CharterWay von Mercedes-Benz. Aber auch alteingesessene Autovermieter weiteten ihr Angebot auf Nutzfahrzeuge aus.

Da sich nur relativ junge Fahrzeuge vermieten lassen, entstehen nach relativ kurzer Zeit regelrechte Halden mit „jungen Gebrauchten". Dem wirkt man mit extra dafür entwickelten Gebrauchtfahrzeugzentren entgegen, die von den Lkw-Herstellern betrieben werden. Markenunabhängige Vermieter betreiben gleichzeitig ein intensives Gebrauchtwagengeschäft.

Es gibt viele Varianten von Mietverhältnissen, von der einfachen kurz- und mittelfristigen Miete zur Überbrückung von Engpässen bis zu Komplettverträgen inklusive Wartung und Reparatur zu einem festen Kilometerpreis.

Die Hersteller sind heute nicht mehr reine Fabriken zum Bau der Fahrzeuge. Von der Kaufberatung bis zur Fahrerschulung bieten sie umfangreiche Services an.

LKW-Oldtimer

Der erste Lkw von Gottlieb Daimler im Jahr 1896 war ein Frontlenker mit Heckmotor.

Seit fast 120 Jahren werden Lastkraftwagen gebaut. Längst hat sich die Zahl der Hersteller reduziert, haben Firmenfusionen einen überschaubaren Markt erzeugt. Aber nach dem Zweiten Weltkrieg gab es noch rund 15 nationale Nutzfahrzeugfabriken. Marken wie Büssing, Magirus-Deutz, Borgward, Henschel und Hanomag sowie Krupp/Südwerke. Ganz zu Schweigen beispielsweise von „Nordap", ein Fabrikat, das ausschließlich den Standard-Lkw der amerikanischen Army nutzte, um allradgetriebene Dreiachskipper zu produzieren: der Benzinmotor wurde gegen Henschel- und Deutz-Dieselmotoren getauscht, das Fahrerhaus wurde wetterfest gemacht, dann gab es noch eine neue Motorhaube – fertig! Aus der Ferne betrachtet sah der Nordap einem Magirus-Deutz damaliger Zeit recht ähnlich, erst bei näherem Hinsehen erkannte man eine stehende

Raute statt des Ulmer Münsters im Kühlergrill.

Wir beschränken uns hier mit zwei Ausnahmen auf Nachkriegsmodelle, wie sie seit etwa 20 bis 25 Jahren bei Oldtimertreffen immer wieder auftauchen. Aufwändig restauriert, von manchen ausschließlich original, bei anderen leider „overdressed", aber auch im unrestaurierten und gebrauchsfähigen Zustand sind die Transportmittel der 50er-, 60er- und 70er-Jahre dort zu sehen und meist, zum Beispiel bei Treffen in Kieswerken in Aktion oder bei einer gemeinsamen Ausfahrt zu bewundern.

Natürlich dominiert auch in diesem Kapitel jene Marke, die auch heute noch Marktführer ist, Mercedes-Benz – allerdings weniger dominant. Gerade die noch nicht vor allzu langer Zeit ausgestorbenen Marken kommen ebenfalls deutlich zum Vorschein: Büssing, Henschel und Krupp. Inzwischen tauchen auch Anhänger auf den Treffen auf. Sie sind relativ einfach zu restaurieren. Meist waren sie aber in ihrer aktiven Zeit bis zur Ruine aufgebraucht worden oder mitunter auch in der Landwirtschaft gelandet.

In kleinen Schritten werden bei Veranstaltungen neuere Baujahre zugelassen. Nach der Straßenverkehrszulassungsordnung beginnt das Oldtimerleben 30 Jahre nach der ersten Zulassung. Zum Beispiel kann ein Lkw des Baujahrs 1977 im Jahr 2007 als Oldtimer zugelassen werden, womit bereits ein Teil der „Neuen Generation" oldtimerfähig ist: NG, also jener Lastwagen, der das Ende der kubischen Fahrerhäuser markierte und der seinerseits 1996/97 vom Actros abgelöst wurde.

Die Lastkraftwagen waren bezogen auf die erreichbare Höchstgeschwindigkeit erheblich gemächlicher als die heutigen Modelle: Mit Tempo 40, maximal 50, bewegten sich die Lastzüge durch die Republik. Bis Mitte der 70er-Jahre konnten auch noch einige aktuelle Fahrzeuge die 80-Stundenkilometer-Marke kaum erreichen. Übrigens reichte Tempo 40 als erreichbare Höchstgeschwindigkeit, um Autobahnen benutzen zu dürfen (Tiefladezügen war des öfteren nur Tempo 42 erlaubt). Heute liegt diese Grenze bei 60 Stundenkilometern.

Frühes Verteilerfahrzeug: Der sogenannte Lieferungswagen von Benz.

Daimler-Benz L 6500

Der L 6500 ist mit dem Dreiachser L 10000 eng verwandt und bekam während seiner späteren Bauzeit das neue und dann bis 1959 das aktuelle Daimler-Benz-Fahrerhaus verpasst. Heute sind nur noch sehr wenige, fahrbereite L 6500 bekannt, ein Exemplar mit neuerem Fahrerhaus und fester Pritsche steht im Mercedes-Benz-Museum in Stuttgart. Als diese Fahrzeuge gebaut wurden, galten sie als Lastwagen der schweren Klasse und wurden, mit einem Dreiachsanhänger kombiniert, im Güterfernverkehr eingesetzt.

Daimler-Benz L 6500 K aus den 30er-Jahren

DAIMLER-BENZ L 6500	
Motor	6-Zylinder-Dieselmotor
Leistung	150 PS/111 kW
Gesamtgewicht	13,5 t
zul. Zuggewicht	Ca 24 t

Daimler-Benz LO 2500

Der Daimler-Benz aus den 30er-Jahren gehört zu den späten Fahrzeugen mit Ottomotor, in ausführlichen Datenlisten erkennbar an der Motorenbezeichnung O = Ottomotor, Om = Ölmotor, also Dieselmotor. Noch heute gelten diese Bezeichnungen bei Mercedes-Benz. Der leichte Lastwagen ist mit einem Wassersprenger mit großem Wassertank ausgestattet. Damals waren bei weitem nicht alle Straßen gekehrt,

Restaurierter LO 2500 von Daimler-Benz als Wassersprengwagen

Ein Krupp „Büffel", ebenfalls als Wassersprengwagen

bestenfalls mit einer aufgesprühten Asphaltschicht versehen. Um Staubentwicklung zu vermeiden oder wenigstens einzugrenzen, schickte man solche Fahrzeuge auf die Reise, bedient wurde das Aggregat von einem Beifahrer, der seinen Sitz vorne auf dem Tank hatte. Der restaurierte Wagen ist voll funktionsfähig, angeliefert wurde er „rollfähig" zur Restaurierung.

DAIMLER-BENZ LO 2500	
Motor	4-Zylinder-Ottomotor
Leistung	60 PS/45 kW
Gesamtgewicht	ca. 4,5 t
zul. Zuggewicht	-

Krupp-Büffel

Alle Krupps waren bis in die 70er-Jahre schon von weitem am singenden Motorengeräusch erkennbar. Das kam von den Zweitaktmotoren, deren weitere Auffälligkeit die geringere Zylinderanzahl war. Aufgrund der Zweitakt-Bauweise kam je nach Hubraum etwa die gleiche Leistung wie bei einem hubraumgleichen Sechszylindermotor zustande. Der abgebildete Mustang aus der Zeit ab 1951 stammt noch aus der Südwerke-Produktion in Kulmbach. Krupp durfte nach dem Krieg keine Lastkraftwagen produzieren. Kurzerhand stellte man in Kulmbach daher die „Südwerke" auf die Beine. Aus dem Vogtland stießen Ingenieure von der im russischen Besatzungsgebiet stehenden VOMAG hinzu, und schneller als gedacht wurden letztendlich doch wieder Lkw von Krupp produziert.

Dieser Büffel trägt einen zu Straßensprengzwecken mit Wassertank, Bedientank und Spritzdüsen versehenen Kommunalaufbau.

KRUPP SW L 50 BÜFFEL	
Motor	3-Zylinder-Zweitakt-Dieselmotor mit mechanischer Aufladung
Leistung	110 PS/81 kW
Gesamtgewicht	11 t
zul. Zuggewicht	-

Magirus 200 D 16 AK

Dieser Magirus aus dem Zeitabschnitt 1962–1971 gehört zur Serie der „Deutschen Bullen", für die zum Beispiel mit dem Satz „Die Deutschen Bullen – Die Kraft und der Fortschritt" Werbung gemacht wurde. Der luftgekühlte V8-Mo-

Magirus-Deutz Kommunalfahrzeug 200 D 16

tor wurde in verschiedenen Leistungsstufen ab 195 bis 230 PS angeboten. Gegenüber manchen Wettbewerbern war der Haubenwagen samt Fahrerhaus und Bedienung nicht sehr komfortabel. Die Ablösung durch die nächste Generation der Haubenfahrzeuge stand bevor, die zum Beispiel bei Henschel und MAN bereits vollzogen war. Das Fahrzeug glänzte eher mit dem robusten Deutz-Motor und mit seiner hohen Stabilität. Der Aufbau ist für den Kanalservice vorgesehen.

MAGIRUS-DEUTZ 200 D 16	
Motor	V8-Zylinder-Deutz-Dieselmotor
Leistung	200 PS/147 kW
Gesamtgewicht	16 t
zul. Zuggewicht	ca. 32 t

MAN MK 25

Der MAN 630 L 1 stammt aus den Jahren ab 1954. Der beliebte Mittelklasse-Kipper stammte in seinen Grundzügen noch von den letzten Vorkriegsmodellen ab, die Entwicklung war über die MK-Serie jedoch bei neuen Fahrerhäusern und neuen Motoren angelangt. Das M-System mit neu gestaltetem Brennraum führte einerseits zu sparsamem Kraftstoffverbrauch und andererseits zu einem komfortablen und leisen Motor.

Aufgebaut ist ein Meiller-Dreiseitenkipper, der damals noch mit Holzbordwänden geliefert wurde. Der Übergang zu Stahlbordwänden vollzog sich Schritt für Schritt erst zehn Jahre nach der Entstehung dieses MAN.

MAN Kipper 630

MAN 630 L1	
Motor	6-Zylinder-Dieselmotor
Leistung	130 PS/96 kW
Gesamtgewicht	12,4 t
zul. Zuggewicht	ca. 24 t

Mercedes-Benz LAK 1413

Dieser Mercedes-Benz LAK 1413 befindet sich in einem unrestaurierten Zustand, wie er aus der täglichen Arbeit heraus in den frühen 90er-Jahren abgestellt wurde. Das Fahrzeug war auf Grund der Motorisierung überwiegend für den Solobetrieb gedacht. Der glei-

Mercedes-Benz LAK 1413

che, aber gedrosselte Motor wurde damals in die großen Unimog (U 406) eingebaut. Parallel dazu gab es die Serie LAK 1518 mit 180 PS und stärkerem Rahmen von Mercedes, der eher im Zugbetrieb eingesetzt wurde. Ablösung stand später mit der Serie 1513/1517/1519 K/AK bereit.

Der 1413 löste besonders bei selbstfahrenden Unternehmern in vielen Fällen den Neuneinhalbtonner LAK 322 ab, wobei der ihnen nicht unbedingt zu alt geworden war, sondern zu klein.

MERCEDES-BENZ LAK 1413	
Motor	6-Zylinder-Dieselmotor
Leistung	126 PS/93 kW
Gesamtgewicht	13,5 t
zul. Zuggewicht	ca. 20 t

Opel Blitz

Eigentlich sind die beiden „Zwerge" (Foto auf Seite 180) auf Grund ihrer Tonnage in diesem Buch Exoten. Die beiden Opel Blitz sollen jedoch kleine Lastwagen zeigen, die ihren großen Brüdern zu jener Zeit sehr ähnelten. Außerdem zeigt das Bild den Modellwechsel vom klassischen Blitz, der vor und während des Krieges auch in wesentlich größeren Exemplaren gebaut wurde, zum „Weichblitz", dessen Aussehen eher amerikanisch geprägt war. Beide Fahrzeuge waren als Kipper bei den Kohlenhändlern und als Pritschenwagen bei den Getränkelieferanten sehr beliebt. Nach heutigen Maßstäben haben sie vor allem einen niedrigen und bequemen Einstieg, wogegen

Lkw-Zwerge aus längst vergangenen Tagen: Opel Blitz mit Ottomotor

der Ottomotor (identisch mit dem des damaligen Opel Kapitän) kaum noch Gefallen finden würde. Heute haben diese Größenordnungen bis zu 170 PS.

OPEL BLITZ	
Motor	6-Zylinder-Ottomotor
Leistung	70 PS/48 kW
Gesamtgewicht	3,5–4,5 t
zul. Zuggewicht	3,5 t

Büssing 8000

„King of the Road" seiner Zeit könnte man sagen, war der Büssing 8000(S). Er wurde als Nachfolger des NAG 600

King of the Road: Büssing 8000

ab den frühen 50er-Jahren gebaut, dem er auf den ersten Blick auch ähnlich sah. Den Titel konnte ihm nur der Krupp-Titan streitig machen, der noch mehr Leistung hatte, jedoch war er nicht so zuverlässig wie der Büssing. Dieser klassische Fernverkehrszug aus den 50er-Jahren wird von einem Schmitz-Dreiachsanhänger ergänzt, der an den Hinterachsen eine Lenkung hat. Dank der Aufhängung lenken die beiden Achsen leicht ein und reduzieren vor allem den Rollwiderstand des Fahrzeugs. Kässbohrer experimentierte damals mit sogenannten Ausgleichsnaben zum selben Zweck. Den Büssing 8000 S gab es auch als Kipper, als Sattelzugmaschine und sogar mit Allradantrieb.

BÜSSING 8000 S	
Motor	6-Zylinder-Dieselmotor
Leistung	180 PS/111 kW
Gesamtgewicht	16 t
zul. Zuggewicht	40 t

Restaurierter L 6600 von Mercedes-Benz

Daimler-Benz L 6600

Obwohl dieser Daimler-Benz nicht ganz der Größe von Büssing 8000 und Krupp Titan entsprach, gehört der sogenannte „6-6er" doch zur Reihe der Kultfahrzeuge. Als Pritschenwagen, Kipper oder Sattelzugmaschine gebaut, kam er im Nah- und Fernverkehr zum Einsatz. Kombiniert mit einem 14- oder 16-Tonnen-Anhänger, fand er bei Brauereien, Baustoffherstellern ebenso wie bei Baustoffhändlern, im Kühltransport und selbstverständlich bei Speditionen ein Zuhause. Er galt als komfortabel und bequem, andere meinten allerdings, der 6-6er sei viel zu weich.

DAIMLER-BENZ L 6600	
Motor	OM 315-6-Zylinder-Dieselmotor
Leistung	145 PS/107 kW
Gesamtgewicht	14 t
zul. Zuggewicht	ca. 30 t

Henschel H 140 AKV

Der ab 1962 gebaute Henschel trat zum Beispiel gegen den MAN 8.150 (L850) und den Mercedes LAK 1413 an. Im Gelände war er fast immer eindeutiger Sieger. Das gegenüber seinen Vorgängern gefällig modernisierte Fahrerhaus mit drei Plätzen eignete sich als Allroundfahrzeug für damals aufstrebende mittelständische Bauunter-

Mittelschwerer Henschel aus den 50er-Jahren

nehmen. Sie mussten nun nicht mehr auf den Nebenerwerbs-Fuhrunternehmer mit Traktor und zwei Kippanhängern zurückgreifen, wenn etwas zu transportieren war. Gelegentlich wurde er auch im Zugbetrieb eingesetzt.

Gerne wurde der H 140 mit angebauter dritter Achse und verlängertem Fahrgestell nach Holland exportiert, dort setzte man den Henschel mit Kofferaufbau dann sogar regelmäßig im Zugbetrieb ein.

HENSCHEL HS 12 HAKV	
Motor	6-Zylinder-Diesel Typ 6 R 1013 TA
Leistung	150 PS/110 kW
Gesamtgewicht	13,5 t
zul. Zuggewicht	ca 25 t

Magirus-Deutz S 4500

Die Rundhauber von Magirus-Deutz gehörten in den 50er- und 60er-Jahren zum gewöhnlichen Straßenbild. Allerdings selten mit Allradantrieb, da man bei schwierigen Geländefahrten festgestellt hatte, dass sie bei Verwindungen des Fahrzeugs leicht aufsprang. Also kehrte man zur gewohnten, eckigen Haube zurück.

Der S 4500 mit rund 4,5 Tonnen Nutzlast passte damals perfekt in die Kipperlandschaft und wurde bei Baufirmen ebenso wie in kommunalen Fuhrparks eingesetzt. Der Deutz-Motor war robust und unanfällig, Magirus-Deutz hob in seiner Werbung die Vorteile der Luftkühlung heraus: Wo man

Magirus Deutz S 4500

kein Wasser braucht, kann dieses im Winter auch nicht einfrieren!

MAGIRUS DEUTZ S 4500	
Motor	luftgekühlter 6-Zylinder-Deutzmotor
Leistung	120 PS/90 kW
Gesamtgewicht	8,5 t
zul. Zuggewicht	ca. 20 t

Daimler-Benz LK 334

Der Daimler-Benz LK 334 gehörte der letzten Generation mit eckigen Motorhauben an und wurde von 1957 bis 1963 gebaut. Er war überwiegend für den Export gedacht, da er nicht unbedingt den damaligen gesetzlichen Vorschriften entsprach. Der hier in die Haupteinfahrt von Meiller in München einfahrende Dreiseitenkipper ist mustergültig restauriert. Wer genau hinschaut, entdeckt, dass er als Zugmittel für einen Langendorf-Tiefbett-Tieflader genutzt wird.

Der Tieflader ist ein Zweiachser, vorne zwillingsbereift und hinten mit einer Pandelachse versehen, die sich zur Beladung ausklappen lässt. Was kaum erkennbar ist: Geladen hat der 20-Tonnen-Anhänger eine Hanomag Planierraupe mit 50 PS Leistung und Lenkradsteuerung. Wegen der Pendelachse konnte man den Zweiachser-Anhänger mit 20 Tonnen Gesamtgewicht fahren.

DAIMLER-BENZ LK 334	
Motor	6-Zylinder-Dieselmotor
Leistung	192–200 PS/141–147 kW
Gesamtgewicht	15–16 t
zul. Zuggewicht	ca. 32–38 t

Büssing BS 14 AK

Der BS 14 AK mit stehend eingebautem Motor gehörte zu den letzten Modellen, die Büssing vorstellte. Das Fahrzeug wurde selten gebaut, noch seltener ist er heute in der Oldtimer-Szene anzutreffen und entsprechend interessiert wird er beäugt (siehe Foto).

Vorgänger war der wenig erfolgreiche Typ Supercargo AK 14-150 mit

Wurde ab 1967 gebaut: Büssing Allradkipper

einem vor der Vorderachse eingebauten Unterflur-Motor, der zwangsläufig eine kurze Stummelhaube hatte. Das wäre zwar ideal für die Achslastverteilung gewesen, wurde von der Kundschaft jedoch nicht angenommen. Der abgebildete Lkw-Typ wurde ab 1967 gebaut.

BÜSSING BS 14AK	
Motor	6-Zylinder-Dieselmotor
Leistung	150 PS/110 kW
Gesamtgewicht	14 t
zul. Zuggewicht	ca. 25 t

Krupp K 806
Nachdem die Ära der Zweitaktmotoren zu Ende gegangen war, baute Krupp Cummins-Motoren ein. Diese amerikanischen Motoren hatten einen guten Ruf und wurden in stärkerer Form als V8-Motoren auch in den größeren Fahrzeugen für den Fernverkehr und den schweren Baustellenverkehr verwendet. Der hier gezeigte Mittelklasse-Krupp zeigt sich im neuen Design, wie es sich mit vielen gleichen Komponenten auch beim Dreiachser findet. Teilweise gab es die Modelle mit Allradantrieb. Der K 806 wurde ab 1965 gebaut und war für seine Zeit und als Kipper mit 80 Stundenkilometern Höchstgeschwindigkeit erstaunlich schnell.

Zwar waren die Krupp-Lkw mit Cummins-Motor grundsolide Fahrzeuge, aber das alte Titan-Image, das auch den kleineren Typen Mustang, Tiger

Krupp mit Cummins-Motor

und Elch zuteil wurde, war zunächst dahin. Erst als die schweren Krupp mit 250 und 265 PS Motorleistung kamen, kehrte ein Hauch von „King of the Road"-Feeling zurück.

KRUPP K 806	
Motor	Krupp-Cummins-V6-186
Leistung	186 PS/137 kW
Gesamtgewicht	16 t
zul. Zuggewicht	32 t

Daimler-Benz L 4500

Der L 4500 stammte noch aus Kriegszeiten und wurde in den frühen Aufbaujahren weiter gebaut, auch mit dem aus Kriegszeiten stammenden sogenannten Einheitsführerhaus. Er galt als „Wiederaufbauhelfer", weil er so-

fort mit Beginn der Nachkriegsproduktion wieder zur Verfügung stand. 1949 wurde er dann, mit normalem Blechfahrerhaus, vom L 5000 abgelöst, der eine um 350 Kilogramm höhere Nutzlast hatte und in den nach drei Jahren der OM 67/8-Motor mit 120 PS eingebaut wurde.

Der abgebildete L 4500 ist erstklassig restauriert und taucht auf zahlreichen Treffen auf, die Fahrt dorthin findet immer auf eigenen Rädern statt – auch bei großen Entfernungen.

DAIMLER-BENZ L 4500/L 303	
Motor	OM 67/4 Vorkammerdieselmotor
Leistung	112 PS/82 kW
Gesamtgewicht	10,5 t
zul. Zuggewicht	-

Mercedes-Benz L 4500 „Wiederaufbau-Helfer" mit Einheitsfahrerhaus

Unrestaurierter MAN 770 HAK

MAN 770

Zur IAA 1959 präsentierte MAN den 770 in diversen Ausführungen, er passte zu den Seebohm-Gesetzen und eignete sich auch für den Lastzugbetrieb. Im Lauf der Zeit mauserte er sich zu einem zugkräftigen, beliebten Mittelklasse-Lkw. Die Motorleistung wurde später auf 180 PS erhöht, der Typ hieß dann 780. Für den reinen Solobetrieb gab es den 850 mit nur 150 PS, aber einer Tonne mehr Nutzlast.

Der abgebildete 770er-Allradkipper stand vor einigen Jahren in der Nähe von Holzkirchen und war damals durchaus ein geeignetes Restaurie-

rungs-Objekt. Neben einigen Blechschäden bedurfte es für den Kippaufbau eines gründlichen Wiederaufbaus, aber mit genügend Zeit – und natürlich auch ausreichend Geld – könnte der MAN heute zum Schmuckstück eines jeden Liebhaber-Treffens werden.

MAN 770 HAK	
Motor	6-Zylinder-Reihenmotor
Leistung	172 PS/126 kW
Gesamtgewicht	14,6 t
zul. Zuggewicht	30,6 t

Faun L910/40 V 8x6 Muldenkipper

1966 baut Faun den Vierachser mit Kabine aus dem Baumaschinen- und Kranbereich. Das einzelbereifte Fahrzeug gibt es mit zwei, drei und vier angetriebenen Achsen. Der Zwölf-Zylinder von Deutz findet im und hinter dem Fahrerhaus geschickt platziert eine gute Position. Allerdings zeigten sich die deutschen Behörden stur und ließen den Vierachser nur für 22 Tonnen Gesamtgewicht zu, so dass er im Straßeneinsatz völlig unwirtschaftlich ist. Der Traum vom Vierachser mit zunächst 30 Tonnen zulässigem Gesamtgewicht wird erst in den 80er-Jahren Wirklichkeit. Immerhin bewährt sich der Faun-Vierachser im innerbetrieblichen Bereich und auf weitläufigen Baustellen.

FAUN L910/40 V 8x6 MULDENKIPPER	
Motor	luftgek. 12-Zylinder-Deutzmotor
Leistung	250 PS/184 kW
Gesamtgewicht	32 t
zul. Zuggewicht	-

Faun-Vierachser 8x6 von 1966

Mercedes-Benz LAK 1624

Der schwere zweiachsige Allradkipper aus der Rundhauber-Generation verträgt den dreiachsigen Anhänger an- ständig, wenn auch nicht als Spitzen- kraft. Das von 1970 bis 1980 produ- zierte Fahrzeug schließt im wesentli- chen die Geschichte der Haubenfahr-

Mercedes-Benz LAK 1624

MAN MK 26 Straßenzugmaschine

zeuge bei Mercedes-Benz ab, wobei der Export noch bis in die 90er-Jahre mit Kurzhauberfahrzeugen bedient wurde. Letzte wesentliche Neuerung war die hochgezogene Frontscheibe Ende der 60er-Jahre.

Der 1624er hatte kein Schwestermodell für den reinen Solobetrieb. Das abgebildete Fahrzeug stand 1996 noch im täglichen Einsatz im bayerischen Wald und wurde anlässlich der Actros-Baufahrzeuge-Vorstellung bis nach Südfrankreich gekarrt.

MAN MK 26

Ein MK aus der frühen Nachkriegszeit von MAN, direkter Nachfolger des Kriegslastwagens ML 4500, ist hier zu sehen. Die nach dem Krieg beliebte Zugmaschine wurde in diesem Fall leider ziemlich nachlässig restauriert, obwohl die Mängel nicht auf den ersten Blick zu erkennen sind.

Die Straßenzugmaschine mit 120 PS durfte entweder zwei leichtere oder einen schweren Anhänger ziehen und primär im Nahverkehr abholen beziehungsweise zustellen. Auf Kurzstrecken waren damals in den Städten noch schwere Lanz-Bulldog zu sehen, vereinzelt auch andere Straßentraktoren und etwas später dann Allrad-Straßenschlepper von MAN.

MERCEDES-BENZ LAK 1624	
Motor	6-Zylinder-Reihenmotor
Leistung	240 PS/177 kW
Gesamtgewicht	16 t
zul. Zuggewicht	38 t

Der MK von MAN war selbstverständlich auch als Pritschenwagen und Kipper zu haben. Er sollte nicht mit den nachfolgenden MK 25 und MK 26 verwechselt werden.

MAN MK	
Motor	6-Zylinder-Reihenmotor
Leistung	120 PS/90 kW
Gesamtgewicht	10,5 t
zul. Zuggewicht	ca. 35 t

Kaelble KDV 832 Z

Der Muldenkipper aus dem Jahre 1956, im Bild links, wurde mustergültig restauriert und ist voll funktionstüchtig. Der großvolumige Kaelble-Motor wurde relativ niedertourig gefahren und fordert – zumindest von einem Fahranfänger – eine gewisse Einarbeitungszeit. Vor dem Starten muss der Motor vorgeglüht werden. Die Kupplung ist druckluftunterstützt, doch leider ist nicht immer genügend Druckluft im System. Rückwärts wird ausschließlich mit Hilfe der Rückspiegel gefahren, und auch das Aktivieren der Kippmulde brauchte etwas Vorbereitung.

Neben Muldenkippern baute Kaelble auch Radlader, Schwerlastzugmaschinen, Planierraupen und Industrielokomotiven.

KAELBLE KDV 832 Z	
Motor	8-Zylinder-Vorkammerdiesel
Leistung	240 PS/177 kW
Gesamtgewicht	ca 30 t
zul. Zuggewicht	-

Restaurierter Kaelble-Dreiachsmuldenkipper neben einem Vierachser von Faun

Wenn nicht anders angegeben, sind die verwendeten Fotos vom jeweiligen Hersteller. Wir danken den Unternehmen dafür, dass Sie uns ihr Bildmaterial zur Verfügung gestellt haben und uns auch ansonsten mit Rat und Tat unterstützt haben.

Weitere Fotos stammen von
Breitbach, Peter: 131, 132, 191
Brettnacher, Michael: 133
Fronemann, Gerlach: 62
Umschlagseiten
Vorderseite: Scania, Volvo, DAF
Rückseite: Mercedes-Benz

Über den Autor

Michael Brettnacher wurde 1952 geboren und wuchs mit der Vielfalt von Lkw-Marken und Typen der späten 50er- und frühen 60er-Jahre auf. Bald machte er den Lkw-Führerschein, dem die Ausbildung zum Berufskraftfahrer und vier Jahre später die Meisterschule folgten. Zunächst in einem kleineren Transportbetrieb tätig, ist Michael Brettnacher nun seit über 20 Jahren freier Fachjournalist und Autor.